人工智慧導論

Introduction to Artificial Intelligence(AI)

謝邦昌
蘇志雄
著

動手做，AI 其實很簡單！

不希望只是告訴你人工智慧 (AI) 的應用多厲害，而是希望你動手來學習人工智慧 (AI)

一步步讓你知道原來要學會人工智慧 (AI) 的應用其實是很簡單的。

這本書要傳達的就是，我們希望你可以開始學習人工智慧。

序一

人工智慧 (AI) 似乎無所不能，也可能無所不在，接近人工智慧不難，人工智慧的難是在於專業知識、電腦、技術的整合，如果能夠越早開始認識人工智慧，越有機會把人工智慧融入專業領域，體現跨領域的各項和。

人工智慧的走向最終演化到人類無法預估其未來變化的階段，深度學習、機器學習等技術也慢慢崛起，並為人工智慧帶來巨大的改變。人工智慧比人聰明已經是不爭的事實，但聰明只是前提，怎麼應用好才是關鍵所在。「人工智慧已經全面來襲」，大數據人工智慧的發展已經來到每個人身邊，從政府、企業與個人一定要積極擁抱。

人工智慧不會泡沫化，「人工智慧只會越來越嚴謹、越來越智慧，絕對不會泡沫化。未來智慧的演進需要靠大數據不斷累積與分析。」，現在時代定義為「弱人工智慧時代」，而未來會是「強人工智慧時代」和「超人工智慧時代」。

人工智慧技術未來一定會越來越先進，關鍵問題在於人類該怎麼善用人工智慧和大數據技術。一定要想清楚從應用、社會層面，需要解決什麼問題，誠摯推薦本書，點燃您對人工智慧的火花。

輔仁大學　副校長

謝邦昌

序二

人工智慧 (AI) 是一個擁有 60 年歷史的名詞，經過 2 波的退熱潮後，近幾年因為資通訊軟硬體的快速發展，從手機的人臉辨識應用、無人商店、自動駕駛汽車的討論，人工智慧 (AI) 已經是火燙的讓每個人都想一窺究竟的科技名詞。從個人來看，手機已經是每個人必帶的配備，手機上非常多的 APP 都已經開始使用語音辨識、人臉辨識的功能，更多的物聯網 (IOT) 裝置，如智慧手錶、智慧手環、智慧家電（掃地機器人、冷氣、電燈、冰箱等）都開始進入所謂的智慧家庭，進而企業、機構、城市、甚至到國家，都必須導入的智慧應用。

談到的人工智慧 (AI) 應用，很多人是有感的，也都知道要趕快導入人工智慧 (AI) 才能贏在起跑點。然而，這樣的人工智慧 (AI) 人才去哪裡找？要學習這樣的能力，應該如何進行？很多人都認為學習人工智慧 (AI) 應該要會數學、統計、資訊，尤其要會寫程式。對於人工智慧 (AI) 技術的學習，這種認知是沒有錯的，但是，對整體人工智慧 (AI) 的應用卻不全然都對。人工智慧 (AI) 的未來應用是全面的，需要有各領域的人來建構人工智慧 (AI) 的應用，例如：智慧醫院就必須有醫院管理人才導入 AI 管理、護理人才導入 AI 照顧病人、醫生人才導入 AI 看診與醫療，智慧農業就必須有懂農業的人才導入 AI 等。簡單說，就是讓很多專業人才學習使用人工智慧 (AI) 的工具，這樣才能真正讓人工智慧 (AI) 的應用全面化。就如同當年大家都開始學習使用電腦，才能讓電腦協助各專業領域的工作。

這本書我們命名為《人工智慧導論》，就是希望讓有意願學習人工智慧 (AI) 的人，能夠開始了解人工智慧 (AI) 的發展，不希望只是告訴你人工智慧 (AI) 的應用多厲害（其實手機、電視、電腦網路都在說），而是希望你動手來

學習人工智慧 (AI)，一步步讓你知道原來要學會人工智慧 (AI) 的應用其實是很簡單的。這本書要傳達的就是「動手做、AI 其實很容易」，我們希望你可以開始學習人工智慧。

人工智慧 (AI) 的基本學習單元有三個部分：影像視覺、語音辨識與自然語言處理，最重要的技術就是機器學習。因此，本書共分六個單元：

1. 人工智慧簡介：從 AlphaGO 點燃第三波的人工智慧熱潮開始，簡介從 1950 年代開始三波人工智慧的始末、重要人物與關鍵技術。人工智慧的分類：弱人工智慧、強人工智慧與超級人工智慧的觀念簡介，最後介紹目前人工智慧的各種應用。

2. 機器學習概論：說明機器學習的觀念、名稱的意義與發展過程，機器學習分成：監督式、非監督式、半監督式與增強式學習四種，說明其意義與觀念。解說進行機器學習時的六大步驟：蒐集資料、清理資料、資料準備、選擇建模演算法、訓練與評估模型與實施模型，並以「糖尿病預測模型」的建立，詳細解說使用 Microsoft Azure ML studio 進行機器學習的實作單元。最後，說明「深度學習」的意義，與簡介各種深度學習的模型：CNN、RNN、LSTM 等。

3. 影像辨識原理與應用：說明電腦視覺 (CV) 的原理，介紹影響目前人工智慧發展的 ImageNet 與 ILSVRC 競賽，並解說「人臉辨識」的意義，並以「手寫字辨識模型：MNIST 範例」的建立，詳細解說使用 Google Colaboratory 平台進行機器學習的實作單元。為了讓讀者能夠體會人臉辨識的使用，透過 Python Anaconda 軟體實作：靜態人臉偵測、動態人臉偵測與簡單的靜態人臉辨識。

4. 語音辨識原理與應用：說明語音辨識的原理與技術發展，解說語音辨識的主要功能是語音轉文字、錄音轉文字，並說明辨識的應用發展。最後，介紹目前台灣本土開發的智慧語音平台：「雅婷逐字稿」。

5. 自然語言處理原理與應用：說明自然語言處理 (NLP) 的觀念與簡單的技術原理，針對語言翻譯中的機器翻譯的技術原理、到語言翻譯的應用發展進行解說。並說明「輿情分析」是如何對文字進行蒐集、整理、建模，透過 NLP 的技術達成如 Eyesocial 網路輿情分析平台的功能。

6. 人工智慧未來發展：內容包含：霍金的警告 AI 會讓人類毀滅、AI 是否會危害人類、對未來世界的衝擊、AI 時代的新工作、在各領域發展案例的未來趨勢、倫理議題。最後，談 5G 的未來應用。

在每章節的後面都附上「精選相關 YOUTUBE 影片」、「精選相關網路文章」，其中「精選相關 YOUTUBE 影片」的 QR code 是希望讀者能透過手機或平板，直接掃描進行閱覽，補足文字不足的內容。

致理科技大學

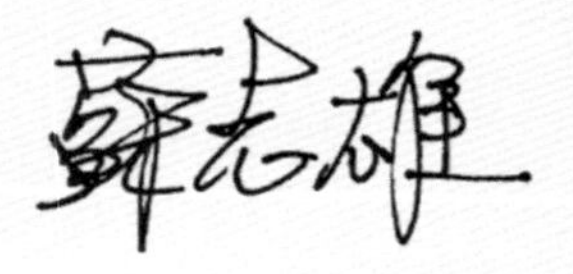

目錄

※有關第 2 章、第 3 章文中實作部分需要的檔案連結網址如下，請讀者自行上網下載：https://tinyurl.com/y5wwc2aj

CHAPTER 1

人工智慧簡介

1-1 AlphaGo 點燃人工智慧熱潮

「AlphaGo」是一個下圍棋的軟體，Google 旗下的 DeepMind 公司所開發，由執行長 Demis Hassabis 領軍，帶領包括單位主管 David Sliver、黃士傑（臺灣）及其團隊，於 2014 年開始執行的一項人工智慧專案，目的是想要研究「多層次的類神經網路（後來稱為的深度學習）」是否能夠用來解決人工智慧的問題。

相信你我都有類似的經驗，透過我們電腦、手機下載棋類（如象棋、五子棋、跳棋、西洋棋…）的遊戲軟體或 App 玩過，一開始與電腦進行對戰時，可能不是很容易贏過電腦（尤其當遊戲軟體有分難易度，且設定為最高等級時，更是困難），但只要在進行一定的對戰局數後，玩家都可以發現破解遊戲軟體的方法。例如在某些情況電腦程式「一定」會出現失誤，所以當時只要是很熱門的遊戲，網路上一定會有所謂的破解秘訣，只要玩家按照破解秘訣方法就能擊敗電腦。原因很簡單，因為寫遊戲軟體程式無論再複雜、再完備，讓電腦所產生的判斷邏輯其實都是固定的，尤其是安裝在單機的遊戲，由於單機運算的能力有限，所以為了讓遊戲進行的順暢，程式設計工程師能夠寫進去的邏輯程式更是有限。所以，在我們的心目中，電腦只是按照程式設計人員所寫的固定邏輯進行判斷而已，當已經出現「誤判」的邏輯時，電腦是不可能去修改（除非由程式設計師重新設計改版），換句話說，電腦是不可能自己思考，電腦無法自己改變判斷的策略的。

販售的遊戲軟體目的是為了營利，當然不需要很複雜的邏輯，更不需要讓電腦自己思考改變誤判後的策略。可是人工智慧科學家們就在思考著，如何讓電腦可以自己思考，讓電腦自己思考改變誤判後的策略？1992 年 IBM 委任譚崇仁（香港大學電子商業科技研究所首任所長）為超級電腦研究計劃主管，領導研究小組開發專門用以分析西洋棋的深藍 (Deep Blue) 超級電腦，IBM 的電腦「深藍」採用暴力搜尋演算法（Brute-Force search algorithm，或稱蠻力搜尋演算法），1996 年 2 月深藍首次挑戰西洋棋世界冠軍卡斯巴羅夫，但以 2 比 4 落敗。這位來自俄羅斯的棋手加里・基莫維奇・卡斯巴羅夫是西洋棋特級大師

（由世界西洋棋聯合會授予的地位稱號），在 1985 年至 2006 年間曾 23 次獲得世界排名第一，並曾 11 次取得西洋棋奧斯卡獎。深藍電腦於 1997 年 5 月再度挑戰卡斯巴羅夫，最終以 3.5 比 2.5 擊敗卡斯巴羅夫，成為首個在標準比賽時限內擊敗西洋棋世界冠軍的電腦系統。

DeepMind 公司的 AlphaGo 研究團隊設定的目標為「圍棋」，圍棋長久以來被視為機器最難駕馭的棋類，因為儘管它的規則單純，卻有相當高的複雜度。圍棋的棋盤大小為 19×19 格，使得整個棋局的排列組合數約為 10 的 170 次方 (10^{170})，複雜度遠高於西洋棋的 10 的 47 次方 (10^{47}) 種組合。所以 AlphaGo 不可能採用暴力搜尋演算法，來探索未來局勢的樹狀結構，推導後續步驟勝負的可能性。AlphaGo 採用的方式分為三個部分：策略網路 (policy network)、評價網路 (value network)、與蒙地卡羅搜尋樹 (Monte Carlo tree search, MCTS)。

第一部分的策略網路：是採用過去大量職業棋手的高階棋譜作為訓練資料，利用監督式學習 (supervised learning)，以模仿高手的招式提供 AlphaGo 的所有可能的落子位置；第二部分的評價網路：是用來衡量棋局的情勢，判斷目前棋局下每一個可能落子位置的獲勝機率；第三部分是透過蒙地卡羅搜尋樹：來分析棋局的各種可能變化情形，並嘗試推演棋局未來的演變。

當 AlphaGo 團隊採用上述的三個步驟，讓 AlphaGo 電腦模擬人類進行決策時的邏輯思考，並能取得在有限運算時間內的最佳解，完成了下圍棋的任務。於 2015 年邀請具有職業棋士 2 段、3 屆歐洲圍棋冠軍的華裔法籍人士樊麾進行 5 局的挑戰賽，結果 AlphaGo 以 5 比 0 的成績獲勝，成為第一個無需讓子即可在 19 路棋盤上擊敗圍棋職業棋士的電腦圍棋程式，寫下了歷史，並於 2016 年 1 月發表在 Nature 期刊上。

然而，人們還是不願意相信電腦可以自己思考，自己下圍棋，可以打敗人類的智慧。於是 AlphaGo 團隊 2016 年 3 月宣布出資 100 萬美元，邀請擁有 18 座世界圍棋冠軍的南韓職業 9 段棋士李世乭，進行 5 番棋挑戰賽，在賽前李世乭自己評估應該會以 5 比 0 取得勝利，網路輿論也一面倒認為機器是不可能戰勝人類的智慧。3 月 9 日進行第一局，開局時，AlphaGo 下子小心翼翼，但進入中局，明顯變得進取甚至棋行險著，在歷時 4 個小時 AlaphGo 獲得首局的勝利，當然，李世乭雖然承認 DeepMind 創造的 AlphaGo 非常優秀、棋藝很好，但認為自己太過大意，一開始就犯錯導致輸了第一局，接下來會謹慎應戰。3 月 10 日進行第二局，雖然眾人期待李世乭能夠反轉局勢，但在歷經 4 個半小時後，仍然由 AlphaGo 取得勝利，局中的第 37 手棋讓圍棋九段 Michael Redmond 表示有圍棋宗師吳清源的風範。3 月 12 日進行第三局，李世乭採用了「提劫」來尋找 AlphaGo 的弱點，試圖來爭取一勝，但最終還是功虧一簣，仍是不敵 AlphaGo。至此，AlphaGo 以 3 比 0 的成績打敗李世乭，由於賽前已約定必須打完 5 局，隔日 3 月 13 日進行第 4 局，近五個小時的激戰之後，尤其於第 78 手下了一子妙棋，成功令僵局出現生機，李世乭最終扳回一局，取得首勝。最後一局在 3 月 15 日進行，在經過 5 個小時的鏖戰後，李世乭最終未能攜上一場獲勝的餘威再下一城，在五局的比賽中以總比分 1:4 負於 AlphaGo。

AlphaGo 在與李世乭一戰之後，後來又歷經 2017 年 5 月與世界第一 9 段棋士柯潔比試以 3 比 0 獲勝，在沒有人類對手後，AlphaGo 之父傑米斯・哈薩比斯宣布 AlphaGo 退役。但是，人們自此開始探討「深度學習」，並點燃人工智慧的第三波熱潮。

精選相關 YOUTUBE 影片

人類可以向 AlphaGo 學什麼？

人類創造了他，他卻打敗人類。10 年內 50% 白領告急，四招學起來，不怕被取代！

https://www.youtube.com/watch?v= WIZH61sODNI

電影：AlphaGo 世紀對決

《AlphaGo 世紀對決》是一部以電腦和人類的世紀圍棋對弈為主題的紀錄電影，以現今人工智慧開發的里程碑「AlphaGo」在 2016

年與韓國世界冠軍李世乭的圍棋對弈為主題，探討人工智能究竟可以在現今到達何種地步，並且也探訪關於人工智慧的出現，是否為人腦神話的終結？或是人類科技文明嶄新的起點與全新的挑戰。
http://www.win6.net/v/play/36805-1-1.html

精選相關網路文章

- AlphaGo（維基百科）
  https://zh.wikipedia.org/wiki/AlphaGo
- 人工智慧如何用來下圍棋 (一) 一圍棋高手 AlphaGo
  https://scitechvista.nat.gov.tw/c/sTC4.htm
- 「人機對弈」落幕：李世乭 1:4 負於 AlphaGo
  https://theinitium.com/article/ 20160309-dailynews-alphago/
- 年僅 25 歲！這個打敗 AlphaGo 的男人，是怎麼 CONNECT with AI？
  https://buzzorange.com/techorange/2018/06/29/the-man-behind-alphago-zero/
- 【AlphaGo 首席工程師黃士傑揭露 AI 無敵新關鍵】不靠海量資料，自我學習就有效：增強式學習開啟 AI 新方向
  https://www.ithome.com.tw/news/ 118337
- AlphaGO 稱霸後的第三波人工智慧革命
  http://scimonth.blogspot.com/ 2018/07/alphago.html
- AlphaGo：不懂圍棋的棋王
  http://sa.ylib.com/MagArticle.aspx?Unit= columns&id=2892

➲ 擊敗了李世乭的圍棋人工智慧「AlphaGo」究竟是什麼？
http://technews.tw/2016/03/10/why-is-alphago-so-great-and-what-is-deepmind-trying-to-achieve/

1-2 人工智慧的發展歷史

人工智慧 (AI) 的這波旋風方興未艾，來自世界各國的人工智慧科學家、工程師短期間研發出非常多讓人驚豔的科技產品，例如：機器人、自動駕駛車、車牌辨識系統、智慧音箱、多國語言語音翻譯機、智慧醫療、智慧工業、智慧農業、智慧家庭、智慧城市…等的應用。事實上，人工智慧已經有三波的浪潮，前兩波浪潮都虎頭蛇尾、功敗垂成，但都有留下部分成果、鋪陳些願景。而從 2012 年大數據的興起、2015 年 AlphaGo 的獲勝，電腦硬體的加速更新、機器學習的演算法精進，尤其是深度學習，重新點燃了人工智慧的浪潮。

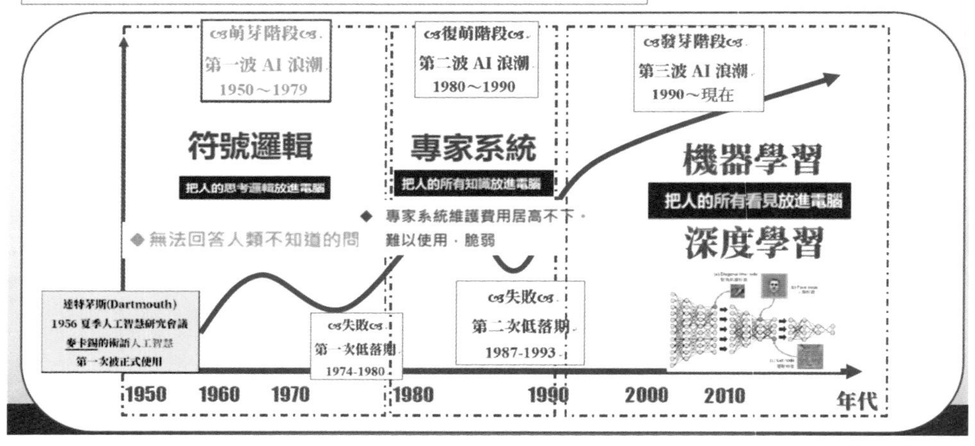

一、第一波 AI 浪潮——萌芽階段（1950～1979 年）

由於出現在網路年代之前，故被稱為「古典人工智慧」，在這期間出現的「符號主義」與「聯結主義」，分別為爾後的「專家系統」與「深度學習」雛形。只不過，當時的應用幾乎無法解決實際的問題，僅能解開拼圖或簡單的遊戲。

人工智慧的萌芽時期，首先介紹的人物為馬文・閔斯基 (Marvin Minsky)，1950 年與汀艾德蒙 (Dean Edmonds) 建造了世界上第一台神經網路電腦，命名其為 SNARC (Stochastic Neural Analog Reinforcement Calculator)。閔斯基其實是一個生物學家，研究神經科學，他提出了一個想法，要用數學建模來模擬神經元。神經元，是生物構成神經系統的基本單位，能感受刺激和傳遞，也就是接受和釋放信號。於是閔斯基用數學模型模擬了神經元，叫做感知機。有了這個神經元的基本的數學模型以後，電腦就可以去模擬神經元的工作，這個數學的神經元還能連起來，最後就形成一個神經網路，有了神經網路便可發展為深度學習，是現在人工智慧很熱門的一個研究方向。最基本的原理在 1951 年就已經發表出來了，局限於當時硬體設備的條件，並沒有發揚光大。

第二位人物就是電腦科學與人工智慧之父艾倫・圖靈 (Alan Turing)，他是被認定為是最早提出機器智慧想法的學者。圖靈在 1950 年的時候在雜誌《思想》(*Mind*) 發表了一篇名為「電腦與智慧」的文章，在文章中，圖靈並沒有提出什麼具體的研究方法，但是文章中提到的好多概念，諸如圖靈測試、機器學習、遺傳演算法和強化學習等，至今都是人工智慧領域十分重要的分支。

所謂圖靈測試 (Turing Test) 是指測試電腦系統（應用軟體或是機器人）是否能表現出與人類相同或無法區分的智慧，如果一台機器能夠與人類展開對話（通過電腦的鍵盤打字、螢幕）而不能被辨別出其機器身份，那麼稱這台機器具有人工智慧。測試內容如下：評審人員使用測試對象皆能夠理解的語言進行提問，被測試的對象中有一個是正常思考的人類、另一個就是被測試的電腦系統（機器人）。如果經過一定時間的提問與回覆後，評審人員若無法得出實質的區別來分辨這兩位被測試的對象，哪一個是人類、哪一個是電腦系統（機器人），則此電腦系統（機器人）通過圖靈測試。

第三位重量級的人物，就是約翰・麥卡錫 (John McCarthy)，因為他正是達特茅斯研討會的發起人。麥卡錫於 1948 年獲得加州理工學院 (California Institute of Technology) 數學學士學位，1951 年獲得普林斯頓大學 (Princeton University) 數學博士學位，然後任職兩年後，接著短暫地在史丹佛大學 (Stanford University) 任職後，到了達特茅斯學院 (Dartmouth College)，正是這個時期，它組織了達特茅斯研討會。1956 年 8 月，麥卡錫、閔斯基、羅徹斯特 (N. Rochester) 和香農 (C. E. Shannon) 等人，共同策劃發起在達特茅斯學院召開為期一個月的研討會，稱為「達特茅斯夏季人工智慧研究會議 (Dartmouth Summer Research Project on Artificial Intelligence)」，旨在召集志同道合的人共同討論「人工智慧」（此定義正是在那時提出的），這催生了後來人所共知的人工智慧革命。在這次研討會上，大家討論了當時電腦科學領域尚未解決的問題，包括人工智慧、自然語言處理和神經網路等。在這次大會上，麥卡錫的術語人工智慧第一次被正式使用，所以麥卡錫也被稱作人工智慧之父。

在達特茅斯研討會後，開啟人工智慧的第一波浪潮，當時電腦一直被認為是只能進行數值計算的機器，因此，它稍微做一點看起來有智慧的事情，人們都驚艷不已。

赫伯特・西蒙 (Herbert Simon) 1957 年開發了 IPL 語言 (Information Processing Language)，在 AI 的歷史上，這是最早的一種 AI 程式設計語言，其基本元素是符號，並首次引進表處理方法，1966 年開發了最早的下棋程式之一 MATER，1975 年榮獲圖靈獎。赫伯特・格勒特 (Herbert Gelernter) 建造了一個幾何機，可以證明一些學生會感到棘手的幾何定理。亞瑟・薩繆爾 (Arthur Samuel) 編寫了西洋跳棋程式，水準能達到業餘高手。詹姆斯・斯拉格爾 (James Slagle) 的 SAINT 程式能求解大學一年級的閉合式微積分問題。1966 年約瑟夫・維森鮑姆 (Joseph Weizenbaum) 利用自然語言處理 (NLP)，設計了第一台的聊天機器人 ELIZA。

然這些早期的人工智慧項目看起來擁有著巨大的熱情和期望，但是由於方法的局限性，人工智慧領域的研究者越來越意識到他們所遇到的瓶頸和困難。即使是最傑出的 AI 程式也只能解決它們嘗試解決的問題中最簡單的一部分，也就是說所有的 AI 程式都只是「玩具」。當時美國國防部的國防高等研究計劃署 (DARPA) 開始對人工智慧投入大量資金，但後來發現其實低估人工智慧的難度，1973 年陸續停止這項經費的投入，因此，1974-1980 年可以說是人工智慧的第一次低落期。

二、第二波 AI 浪潮——復萌階段（1980～1990 年）

這時期所進行的研究，是以灌輸「專家知識」作為規則，來協助解決特定問題的「專家系統」(Expert system) 為主。專家系統是一種程序，能夠依據一組從專門知識中推演出的邏輯規則在某一特定領域回答或解決問題。專家系統僅限於一個很小的知識領域，從而避免了常識問題；其簡單的設計又使它能夠較為容易地編程實現或修改。總之，實踐證明了這類程序的實用性。直到現在 AI 才開始變得實用起來。

從八〇年代開始，各國政府又開始在 AI 領域上投入了大量資金。其導火線在於 1981 年，日本政府決定撥款八億五千萬美元到第五代計算機的開發，目標在於能夠讓電腦擁有辨識圖像，翻譯語言，與人溝通，以及推理的功能。在此之後，其他國家也紛紛作出回應。英國撥出三億五千萬英鎊贊助一個名為 Alvey 的計畫。美國各大電腦及半導體製造商一起成立了微電子與計算機技術集團 (MCC)，對人工智慧領域的發展上有深遠的影響。另外 DARPA 也在同時期成立了戰略計算促進會 (SCI)，1985 年時已在此計畫上耗費了約一億美元。

可惜好景不常，從 1987 年開始人工智慧的發展迎來了低潮期，這一時期又被稱為「AI 之冬」。從 1987 年至 1993 年，AI 硬體市場需求下跌。隨後，專家系統碰到難以升級跟優化的瓶頸。到了八零年代晚期，戰略計算促進會大幅縮減對 AI 的資助，並將資金轉移到比 AI 更容易發展出結果的項目。到了九零年代初，第五代計算機的開發因為沒能開發出與人交談等種種原先期望的功能，而以失敗告終。

三、第三波 AI 浪潮——發芽階段（1990～現在）

在這時期，人工智慧的發展迎來了轉變。隨著電腦處理大量資料的速度及能力有了大幅的提升，AI 在許多領域上被成功且廣泛的運用，包括教育、軍事、娛樂等等。

1990 年，伊拉克入侵科威特，點燃了波灣戰爭的導火線。當時的美國運用了由 DARPA 投資的「動態分析和重新規劃工具」（Dynamic Analysis and Replanning Tool，簡稱 DART）來幫助美國軍方處理物流的問題。DART 會觀察周遭環境來幫助軍方做出關於物資如何流動的決策。DART 自動化的能力為美國軍方省下許多做出決定所需的時間及精力。1993 年，MIT 人工智慧實驗室的研究人員成功開發出了第一個利用電腦視覺技術來導航的機器人Polly。Polly 會負責帶領訪客參觀實驗室的七樓，能夠指出實驗室的各種地標（例如辦公室），並且用預先寫好的程式讓 Polly 說出地標的名字。1994 年，慕尼黑聯邦國防軍大學的研究團隊及賓士合作開發世界上第一輛自動駕駛汽車 VaMP。VaMP 能夠在沒有人干預的情況下，透過電腦視覺來理解路況。當時 VaMP 在巴黎的高速公路上最高以時速 130 公里的速度行駛了約一千公里，並且能適時的切換車道和超車。

終於在 1997 年，人工智慧有了重大的突破。由 IBM 打造專門分析西洋棋的超級電腦「深藍」(Deep Blue)，擊敗了當時的西洋棋世界冠軍加里．卡斯巴羅夫 (Garry Kasparov)，是人工智慧史上的一大創舉。在此之後，人工智慧獲得了空前的蓬勃發展。「機器學習」(Machine Learning) 的應用開始普及化。機器學習就是利用現代電腦能夠快速處理大量資料的優勢，使其從這龐大的數據中學習如何做出與人一樣的判斷。

2000 年，本田推出了機器人 ASIMO。ASIMO 擁有視覺及聽覺的整合能力，能夠上下階梯、奔跑、防止跟人對撞、幫人倒水等等。2012 年的 ASIMO 機型奔跑速度更快，並且能夠跟多人對話。2002 年美國機器人公司 iRobot 推出家用自動吸塵器 Roomba。Roomba 能夠穿越障礙物、辨識地板上的灰塵、和辨識斜坡的陡度以防止跌下樓梯。Roomba 從問世以來已賣出上百萬台，它顛覆了人們傳統的打掃方法。

2007 年，西洋跳棋正式被破解。2011 年，IBM 開發的 IBM 華生 (Watson) 利用進階的自然語言處理技術（Natural Language Processing，簡稱 NLP），擊敗了綜藝節目《危險邊緣》裡的兩位遊戲高手。之後在 2016 年及 2017 年，由 Google DeepMind 所開發的人工智慧圍棋軟體 AlphaGo 分別擊敗了世界冠軍棋士李世乭和柯潔。

精選相關 YOUTUBE 影片

第三次 AI 凜冬將至！？

https://www.youtube.com/watch?v= xDgjmJizffw

什麼是人工智能 AI：AI 的歷史。

https://www.youtube.com/watch? v=xDgjmJizffw&t=291s

精選相關網路文章

- 人工智慧史（維基百科）

  https://zh.wikipedia.org/wiki/%E4%BA%BA%E5%B7%A5%E6%99%BA%E8%83%BD%E5%8F%B2

- 人工智慧大歷史

  https://medium.com/@suipichen/%E4%BA%BA%E5%B7%A5%E6%99%BA%E6%85%A7%E5%A4%A7%E6%AD%B7%E5%8F%B2-ffe46a350543

- 完整解析 AI 人工智慧：3 大熱潮＋3 大技術＋3 大應用｜大和有話説

  https://dahetalk.com/2018/04/08/%E5%AE%8C%E6%95%B4%E8%A7%A3%E6%9E%90AI%E4%BA%BA%E5%B7%A5%E6%99%BA%E6%85%A7

%EF%BC%9A3%E5%A4%A7%E6%B5%AA%E6%BD%AE%EF%BC%8B3%E5%A4%A7%E6%8A%80%E8%A1%93%EF%BC%8B3%E5%A4%A7%E6%87%89%E7%94%A8%EF%BD%9C/

- 最簡明的人類智慧發展史，看完就可以冒充懂 AI 的磚家了
  https://kknews.cc/zh-tw/tech/p49a3re.html
- 從人工智慧、機器學習到深度學習，你不容錯過的人工智慧簡史
  https://www.inside.com.tw/feature/ai/9854-ai-history
- 從馬文・閔斯基到 AlphaGo，人工智慧走過了怎樣的 70 年？
  http://technews.tw/2016/02/11/ai-history/

1-3 人工智慧的分類

人工智慧產品非常多元化，根據東京大學松尾研究實驗室松尾豐教授的人工智慧研究，將人工智慧產品分類成四級，說明如下：

第一級將單純的自動控制程式稱為「人工智慧」的產品，例如：洗衣機、電子鍋、冷暖氣機等智慧家電，雖然給予 AI 的命名，事實上僅屬於自動控制工程的領域。

第二級為古典的人工智慧，基本上就是將各種不同的自動控制的系統加以整合，讓產品能夠呈現多樣化的智慧功能，例如：智慧掃地機、聊天機器人 (chatbot) 等。

第三級為透過「機器學習 (Machine Learning)」所產生智慧系統的產品，系統是經由大數據資料庫透過適當的演算法，經由機器的學習所得到的預測模型，該智慧產品極依賴預測能力的展現，例如：IBM 的 Wason 人工智慧系統、DeepMind 的 AlphaGo 下圍棋軟體。

第四級為採用「深度學習 (Deep Learning)」所產生智慧系統的產品，系統

是自行發現大數據資料庫內容的「特徵 (feature)」，產生能像人類的判斷，例如：自動駕駛車。

長久以來，人們對人工智慧思考的能力範圍議論紛紛。近年來由於 AlphaGo 成功地擊敗世界圍棋冠軍，讓「人工智慧的上限在哪」又成為了熱烈討論的話題。到底人工智慧能否達到跟人一樣的學習能力及思考能力，在這個問題上眾說紛紜，不同的人有不同的看法。不過以思考能力層級來講，現在人們普遍將人工智慧分為三個種類：「弱人工智慧」(Weak Artificial Intelligence)、「強人工智慧」(Strong Artificial Intelligence)與「超級人工智慧」(Super Artificial Intelligence)。

一、弱人工智慧 (Weak Artificial Intelligence)

弱人工智慧，或「應用型人工智慧」(Applied Artificial Intelligence)，能夠模仿人類行為去解決特別領域的問題。在這單一領域上，它們解決問題的能力足以媲美甚至能夠超越人類。在前面篇幅所介紹的 AlphaGo、深藍及 IBM Wason 等都是弱人工智慧的例子。他們分別在圍棋、西洋棋及《危險邊緣》上都擊敗了世界一流的好手。以機器學習的理念為本，這些電腦透過能快速處理巨量資料的優勢來做出預測及決定。然而，弱人工智慧之所以被稱為「弱」，在於它無法像人類一樣思考，且只能在單一領域上成為佼佼者，用途十分有限。AlphaGo 之所以能打敗李世乭及柯潔等好手的原因，僅僅是因為它的演算法能幫助它預測勝率，而並非它能領悟圍棋的精髓。再加上 AlphaGo 只能下圍棋，不能做深藍及 IBM Wason 做的事。同樣的，深藍及 IBM Wason 也不能下圍棋。因此，目前 AI 技術在弱人工智慧上雖有很好的進展，但是距離發展到強人工智慧的地步顯然還有距離。

二、強人工智慧 (Strong Artificial Intelligence)

強人工智慧，或「通用人工智慧」(Artificial General Intelligence)，就是具備與人同等的思考能力跟智慧。強人工智慧是人工智慧的研究目標，也是長久以來科學家及哲學家討論的議題。這詞最早由美國哲學教授約翰．希爾

勒 (John Rogers Searle) 提出。不同於弱人工智慧只能模仿人類的思考能力，強人工智慧能夠自主思考，因此不像弱人工智慧功能僅局限於特定領域。早在 1950 年代，當時的第一批 AI 的開拓者就認為強人工智慧是有可能的，當時的其中一位就是美國著名學者司馬賀 (Herbert Alexander Simon)，他甚至在 1965 年寫道：「在二十年內，人工智慧能做任何人能做到的事。」然而，針對強人工智慧的研究到了 1970 年代迎來了挑戰，讓當時的科學家意識到自己的想法還是過於樂觀。在那之後，雖然計算機性能的提升帶給了科學家們一絲希望，但是想要創造出會思考的電腦的想法終究無法實現。在現今，強人工智慧仍舊是個無法達成的目標，但是弱人工智慧在各行各業越來越普及，也讓人們又再次的看到了強人工智慧的希望。

三、「超級人工智慧」(Super Artificial Intelligence)

當人工智慧在各方面都會超越人類，最後取代人類，稱為「超級人工智慧」，牛津大學哲學家尼克・博斯特羅姆 (Nick Bostrom) 將超級人工智慧定義為「在幾乎所有感興趣的領域中大大超過人類認知能力的任何智力」。機器和電腦在某些工作上一直以來都勝過人類，例如算術和紡織。但那大多數是重複性高的機械化工作，因此人們覺得有些事情機器永遠不可能超越人類。

精選相關 YOUTUBE 影片

【用電影學 AI】三分鐘掌握強弱 AI 概念

第一部帶來的模仿遊戲，除了有帥氣的 Benedict Cumberbatch 出演之外，大家是否有注意到貫穿整部劇情的解密機器 Christopher？其實他所投射的正是現代電腦的始祖哦！而在當時主角艾倫圖靈也提出了「機器是否能思考」的概念。發展至今，AI 的階段可分為 # 強 AI 與 # 弱 AI，還在強弱 AI 傻傻分不清楚嗎？就讓 CloudMile 帶你了解機器與 AI 的奧秘吧！

https://www.youtube.com/watch?v=1LmpM16TgzY&t=80s

弱人工智能才不是很弱的人工智能

雖然名字叫弱人工智能，可不是沒能力的人工智能，目前所有的人工智能系統都是弱人工智能！

https://www.youtube.com/watch?v=9_PkZG6erLc

精選相關網路文章

- 強人工智慧 維基百科
  https://zh.wikipedia.org/wiki/%E5%BC%B7%E4%BA%BA%E5%B7%A5%E6%99%BA%E6%85%A7
- 人工智慧強弱的分類
  https://read01.com/zh-tw/DO876j.html#.XXIDYpMzY0o
- 人工智慧分類
  https://kknews.cc/zh-tw/tech/ebo3v54.html
- 解读人工智能的分类 它们到底能做些什么？
  http://smart.huanqiu.com/roll/2016-11/9681041.html?agt=15438
- 強 AI 與弱 AI
  https://www.businesstoday.com.tw/article/category/154685/post/201706010002/%E5%BC%B7AI%E8%88%87%E5%BC%B1AI

1-4 人工智慧的應用

從每年美國最大國際消費性電子展 (Consumer Electronics Show, CES) 的變化趨勢，可以看到人工智慧應用的成長與其重要性：

CES 2018 除了傳統 3C 數位類消費電子產品，人工智慧成了主旋律，而在人工智慧大題目中，機器人又是最流行的產品。首度新增智慧城市展區，電動車、機車、單車與記錄城市數據需要的探測器，城市車流監控，城市空氣污染監控，以及驅動智慧城市背後的技術架構。Google 首次參展，要與亞馬遜搶奪人工智慧語音（「Hey Google」）助理市場的主導權。Marvell 和 Pixeom 在 CES 會場上展示了的 Google TensorFlow 微型服務，展示各種不同的關鍵功能，包括物體檢測、臉部辨識、文字判讀（名片、牌照等）和智慧警示（保全／安全警報）等。這些技術涵蓋從影像監控、自駕汽車到無人商店和人工智慧等各種應用。

CES 2019 的重量級主軸——5G、AI、8K、自駕車。把技術化為現實，5G 推動一切發展，美國電信龍頭 AT&T 率先帶頭，宣布在 2019 年上半年就提供 5G 服務、Verizon 緊接著跟進。AI 跨足領域千百種，包括圖像、語言、資料匹配等等，滲透在各行各業裡，語音助理熱度不減，根據當時市調機構 eMarketer 的預測，2019 年 Amazon Alexa 的市占率將降至 63%，而 Google Home 則達 31%。三星、LG、Sony、夏普、Panasonic，重點之一都是 8K 電視。自駕車已經成為 CES一大主題，並一步步找出商業模式，舊金山、華盛頓及聖荷西三個城市，最快將於 2019 年可以讓自駕計程車隊上路。值得一提，臺灣 44 家新創團隊，在 Eureka Park 區成立國家館 (Taiwan Tech Arena, TTA)，將臺灣新創具前瞻性技術展出於國際舞台，領域包含物聯網、網路安全與軟體、人工智慧、健康照護、穿戴裝置以及先進製造等六大領域，預期將爭取超過新台幣 40 億元的商機，其中有 8 家新創公司獲得 CES 2019 Innovation Awards 大獎肯定，有 4 家新創首次獲大會通過參與 CES 大會的媒體展前記者會 CES 2019 Unveiled，創下佳績。

CES 2020 聚焦 5G 創新應用，主題也是環繞在 5G、AI、自駕、AR/VR、8K 電視、串流媒體等。其中，如 Intel 更新第十代 Intel Core 晶片，整合了全新的繪圖效能和 AI。聯想的首款 5G 筆電「Yoga 5G」。電動車和自駕輔助技術成為近來汽車產業主流的先進技術重心，Sony 推出自家的 Vision-S 概念電動車、Toyota 亦宣佈將選在富士山腳下，從零開始建置約 71 萬平方公尺的聯網汽車智慧新市鎮。創新家電結合物聯網趨勢，三星便推出了新款 Family Hub 冰箱，內建 AI 辨識能分析儲存在內的食材，甚至提供智慧飲食建議。

一、智慧音箱

2014 年 11 月亞馬遜 Amazon 推出全新概念的智慧音箱 Echo (Alexa)，可以透過語音辨識的方式要求智慧音箱來尋找適當的音樂撥放、詢問天氣、路況，而可以進行簡單的遊戲（成語接龍、猜歌詞等）等娛樂場景，外加定鬧鐘、電燈、聽新聞、找食譜等基本家庭應用。

(一) https://www.youtube.com/watch?v=QopBlwtnmpA

2016 年 Google 也推出 Google Home 智慧音箱，Google 智慧音箱除了能聽音樂、設鬧鐘、回答一些簡單問題外，還有一項方便且實用的功能，就是聲控家中的智能裝置。

(二) https://www.cool3c.com/article/148591

2017 年 Line 的智慧音響「Clova Friends」熊大、莎莉的可愛造型，該產品擁有智慧音箱的一般功能，即可讓使用者撥打 LINE 電話、詢問天氣、播放音樂、詢問日曆上的行程、播放電台、設置鬧鐘等。LINE 將 AI 數位助理 Clova 技術整合到更多旅館、車載系統、LINE 服務。

(三) https://www.cool3c.com/article/145438

中國小米公司的小愛音箱、美國蘋果的智慧音箱 Home Pod、

二、自動駕駛汽車

以智慧城市的角度而言，「交通智慧系統」是智慧生活中的一個必要條件，它是一個結合民眾、汽車與交通運輸機制的跨領域整合系統，其中智慧型自動駕駛汽車是一個關鍵因素。

世界各大車廠皆投入自動駕駛汽車的研發，透過各種感測器使用，比如可見光及紅外線的攝影機、利用電波的雷達、利用超音波的聲納以及光達 (LiDAR) 蒐集行人與道路標線或標誌。並由於電腦視覺影像辨識的技術提

升，與深度學習演算法的精進，各大車廠都陸續發佈各家的自動駕駛系統。Google、特斯拉、賓士、BMW、Audi、Volvo 都發表自家的自動駕駛系統，甚至概念汽車。

自動駕駛汽車必須依靠先進駕駛輔助系統 (Advanced Driver Assistance Systems, ADAS) 與車聯網等科技為基礎實現，其中光達感測器、高精度地圖以及 AI 運算更是當中關鍵。

產業界對自駕車的定義普遍採 SAE（國際汽車工程學會）J3016 標準，從輔助駕駛到完全自動化駕駛，也就是汽車自動到什麼程度，定義 6 級的評價 Level 0~Level 5：

Level 0：（無自動化）完全由駕駛員人工操作，沒有自動功能，駕駛必須隨時掌握車輛的所有功能，但是可能有基本的警告裝置等無關主動駕駛的功能。

Level 1：（駕駛輔助）具有一種或多種主要的自動化控制功能，但是只能單獨作用，借助使用駕駛狀況資訊的轉向或加速／減速駕駛輔助系統執行特定駕駛模式，需要駕駛員手動完成所有剩餘動態駕駛任務。

Level 2：（部分自動）具有多種自動化控制功能，可以代替駕駛人處理駕駛環境的變化，以減輕駕駛人的負擔，但是駕駛人仍然需要注意行駛環境，隨時有可能需要介入控制車輛。

Level 3：（條件自動）車輛可以自動完成部分駕駛任務，在一定條件下可以監控駕駛環境，當汽車偵測到需要駕駛人時會立即讓駕駛人接管後續控制。

Level 4：（高度自動）在一定條件下，車輛可以自動完成所有駕駛和環境監控，在自動駕駛功能啟動時駕駛人不需要介入，但是自動駕駛僅限於高速或車輛較少的特定道路上使用。

Level 5：（完全自動）在所有條件下，車輛都可以自行駕駛，自動駕駛可以在所有道路上使用，可以執行所有與安全相關的控制功能，即使沒有人在車上也可以自動駕駛。

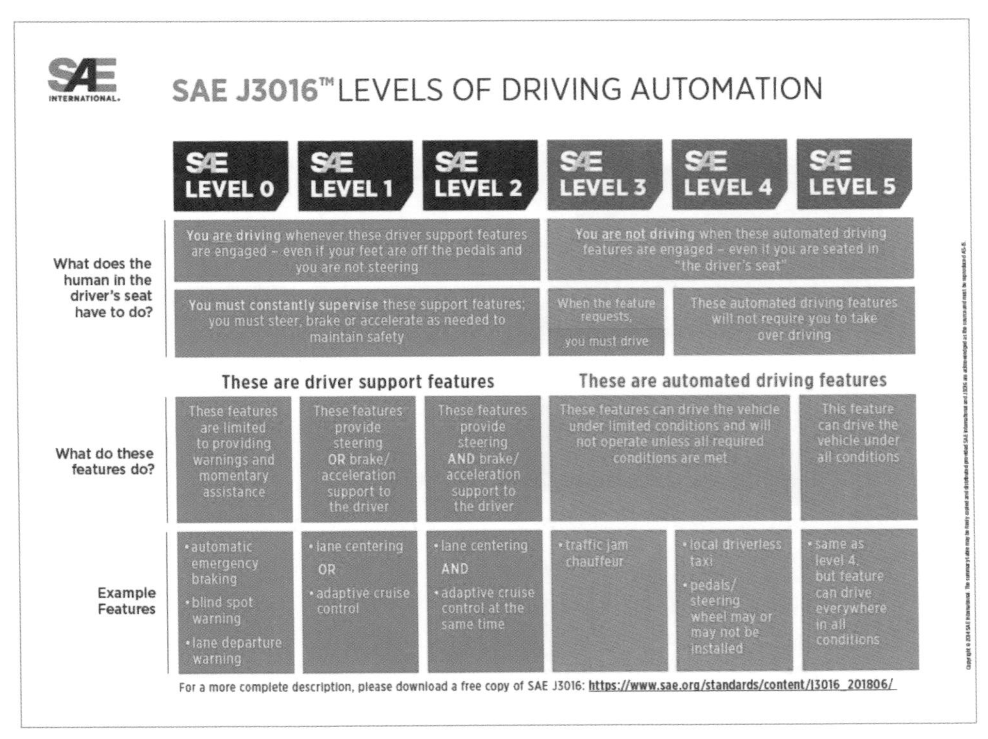

圖片來源：https://www.sae.org/news/2019/01/sae-updates-j3016-automated-driving-graphic
https://www.stockfeel.com.tw/%E8%87%AA%E5%8B%95%E9%A7%95%E9%A7%9B%E8%88%87%E9%A7%95%E9%A7%9B%E8%BC%94%E5%8A%A9/

根據車輛中心產業發展處（陳敬典，2018）對自動駕駛車發展現況與未來趨勢研究，2017 年車廠推出的系統程度大多落在 Level 2~3，僅 Audi 宣布可量產 Level 3 車輛，預期 2018 年能有更多廠商陸續推出 Level 3 車款，至於 Level 4、5 期程廠商則野心勃勃地希望搶在 2025 年前問世。

Audi：自動輔助駕駛系統-Traffic Jam Pilot，SAE 分級系統屬 Level 3，適合使用時機-高速公路，使用器材-4 攝影鏡頭、5 毫米波雷達、12 超音波感測器。

Tesla：自動輔助駕駛系統-Autopilot，SAE 分級系統屬 Level 2，適合使用時

WinBus 自駕巴士簡介

規格項目	性能
乘載人數	15人 (9座位+6站位)
速度	最大50 km/h ; 巡航30 km/h
爬坡	≥20%
續航里程	≥70公里
電池容量	45kWh ; 320V / 140Ah
轉向輪	2X2 雙軸獨立轉向
驅動輪	2X2 雙軸獨立與並聯驅動 (馬達：2x15kW) ; Peak：85kW
充電	接觸式充電 磁共振無線充電(可擴充)
互動介面	手機APP、車內觸控螢幕
安全功能	ADS：自動緊急剎車、自動巡航控制、協同式定位、自動避障 車內：緊急停車按鈕、緊急通報、語音警報 後台：即時監控、遠端協控

機-開放特定場景，使用器材-8 攝影鏡頭、5 毫米波雷達、12 超音波感測器。

Mercedes-Bens：自動輔助駕駛系統-Drive Pilot，SAE 分級系統屬 Level 2，適合使用時機-開放特定場景，使用器材-4 全景攝影鏡頭、5 毫米波雷達。

Volvo：自動輔助駕駛系統-Pilot Assist，SAE 分級系統屬 Level 2，適合使用時機-開放特定場景，使用器材-4 全景攝影鏡頭、5 毫米波雷達。

臺灣 2018 年 12 月 19 日公布實施的「無人載具科技創新實驗條例」，就是政府積極展現要全力推動自駕車發展的決心。

2019 年 8 月 26 日 100% 國產的自駕車「WinBus」具備 Level 4 自駕等級的無人自駕車

WinBus 的相關報導

- ARTC 車輛中心 WinBus 自駕小型巴士正式登場
  https://www.youtube.com/watch?v=LXAaR-zwezw
  https://www.youtube.com/watch?v=kNet9vnHl0U&list=TLPQMTQwMTIwMjB1MOf-lsfLMw&index=2

https://www.bnext.com.tw/article/54878/100-percent-self-made-self-driving-car-win-bus-launch-but-in-the-test-drive-is-near-the-blink-of-accident
https://autos.udn.com/autos/story/7825/4012858

- Google 自動駕駛車 Waymohttps://www.youtube.com/watch?v=aaOB-ErYq6Y
  TESLA（特斯拉）自動駕駛晶片 Model 3 S X
  https://www.bnext.com.tw/article/53026/tesla-autonomous-investor-day
  https://www.youtube.com/watch?v=7FvPTfrI4Dk
  https://www.youtube.com/watch?v=VItB7Aw5tNg

三、無人送貨機

美國電商亞馬遜 (Amazon) 2019 年 6 月發表一款送貨無人機，最遠飛行距離約為 24 公里、最高載重為 2.3 公斤，採用機器學習技術的軟體演算法，用來偵測無人機飛行時周遭高空狀況，也能偵測降落時下方的路人站立處。亞馬遜團隊也利用即時同步定位與地圖構建 (VSLAM) 技術，來畫出無人機目前所在位置的地圖，來彌補 GPS 資訊不足時的情況。（資料來源：

https://www.bnext.com.tw/article/53543/amazon-shows-off-delivery-drone
Amazon Prime Air's New Delivery Drone
https://www.youtube.com/watch?time_continue=2&v=3HJtmx5f1Fc&feature=emb_logo）

科技巨擘谷歌 (Google) 也不落人後，母公司 Alphabet 旗下的無人機公司 Wing，2019 年獲得美國、澳洲民航安全局 (Civil Aviation Safety Authority) 的許可證，在澳洲的首都坎培拉正式推出他們第一個商用無人機外送服務，消費者可以直接在 Wing 的 App 中購物，付款後幾分鐘之內，商品就會以無人機送貨到府。（資料來源：

https://news.ltn.com.tw/news/world/breakingnews/2951830
https://www.youtube.com/watch?v=wCTKwkYzVzo&feature=emb_logo）

美國物流公司 UPS 也已經和無人機新創 Matternet 合作，在美國利用無人機飛翔於多家醫院之間，轉移藥物樣品。（資料來源：
https://www.bnext.com.tw/article/52876/alphabet-wing-to-launch-commercial-drone-delivery-in-australia）

四、機器人

美國 Hanson Robotics 公司利用研發的仿生材料，模仿人的面部肌肉纖維，讓蘇菲亞能展現喜怒哀樂，加上身上多個感測鏡頭，以電腦視覺技術，可以觀察、識別人類動作、表情，並做出回應的機器人-Sophia（蘇菲亞）。2016 年沙烏地阿拉伯的給予全球首位機器公民資格，成為全球第一個數位公民。（資料來源：
https://www.cna.com.tw/news/firstnews/201807190089.aspx）

在 CES 2020 會展中一家俄羅斯廠商研發出一款做成「魔鬼終結者」阿諾史瓦辛格的人形機器人，能夠模擬至少 6 百種人類表情，跟人溝通對話也不是問題。

Boston Dynamics 發佈了一段 SpotMini 的測試影片，顯示了兩台機器狗能互相合作開門。而且擁有機器臂的一台還會懂「禮貌地」擋著大門，先讓同伴進去。（資料來源：
https://www.youtube.com/watch?v=fUyU3lKzoio&feature=emb_logo）

五、語音雙向翻譯機

智慧助理、智慧音響的出現，讓我們見識到語音辨識在生活中帶來的便利，不過電腦要「理解語言」比起「語音辨識」還要困難許多。這就是為什麼機器翻譯比純粹的辨識任務複雜許多，因為人類可能用不同的詞彙來表達完全相同的意思，但未必能準確判斷哪一個比較好。Google、Microsoft 透過深度神經網絡 (Deep neural networks) 來訓練 AI 系統，讓翻譯結果可以更加接近人類，而這當中包含了四項技術。雙重學習 (Dual learning)、審議網

路 (Deliberation networks)、聯合培訓 (Joint training) 與一致性規範 (Agreement regularization)，才能達成口音雙向翻譯的機器出現。（資料來源：https://www.bnext.com.tw/article/48505/microsoft-announces-breakthrough-in-chinese-to-english-machine-translation）

六、健康照護及醫療應用

醫療保健產業一直是人工智慧技術能夠發揚光大的地方。近幾年來，許多國家開始紛紛推出跟 AI 以及醫療有關的計劃。韓國在 2016 年將 AI 定為國家戰略計畫。日本在 2017 年將醫療保健產業納入其 AI 三階段工程之一。英國也在 2018 年宣布從愛丁堡、牛津、里茲等城市開始推動將 AI 技術帶進醫療保健產業的計畫。從這些例子可看出 AI 在國家高層眼裡是多麼的被重視。

究竟人工智慧在醫療保健產業扮演著什麼樣的角色，能夠讓這些已開發國家受到重視？首先，許多的醫療器材能夠透過與人工智慧的技術結合，來提升醫療效率。未來 AI 影像診斷會越來越普及且被廣泛的應用到各種疾病的臨床診療中，使診斷的時間縮短、診斷結果更精準、病患的數據統計資料更快速的呈現。舉個例子，設計出 AlphaGo 的 Google 旗下公司 DeepMind 利用大量有關於視網膜圖像的資料，訓練 AI 分辨出有眼疾的圖像。結果發現 AI 的精準度能夠達到與醫生一樣的水準。而在臺灣，臺北醫學大學則是引進 IBM 的 Watson for Oncology（人工智能癌症治療輔助系統），用 AI 技術來協助腫瘤科醫師，輔助癌症治療。透過自然語言分析及其他演算法分析病人結構化及非結構化資料，提供患者的診斷建議。電子品牌大廠宏碁也瞄準智慧醫療商機，將運用 AI 判斷病情，初步目標為黃斑部退化、糖尿病視網膜病變、心血管等疾病應用。

除此之外，許多醫院開始用照護型機器人來負責打理老年人的日常生活。這些照護型機器人擁有與人對話的能力，能夠與老人交流，使老人不感到孤單。除了對話能力，它們也會負責送餐、打掃、消毒等等。而有些更高級的機器人則會在手術房內，用影像辨識的技術幫助醫生們進行手術。

七、醫學應用：IBM Watson

- IBM 的 Watson for Oncology（人工智能癌症治療輔助系統）

  由美國史隆凱特林紀念癌症中心訓練出來的癌症治療輔助系統，利用自然語言分析技術，分析病人結構化與非結構化資料，來提供病患照護的建議，目前全球已有 55 家醫院採用，包括臺灣。

- IBM 另有一套 Watson Genomic Analytics（基因學分析工具）

  用 AI 技術來協助腫瘤科醫師，輔助癌症治療。這套，已經訓練了 1,500 萬篇醫療相關論文，還能快速分析每天大量出現的新論文，同樣可用來輔助醫生，提供癌症治療的建議。如北卡羅萊納大學 Lineberger 綜合癌症中心就用Watson Genomic Analytics 來輔助照護過上千位病患。

八、商業及金融

在商業方面，AI 能夠幫助公司們分析消費者行為來調整商業策略。舉例來說，Amazon 網路商店裡有成千上萬的商品，它要怎麼確保消費者能夠盡量看到自己想買的東西呢？Amazon 利用人們習慣網購的行為，大量獲取這些人點進的頁面的資料，再利用演算法去預測他們偏好購買的商品，將這些產品呈現在推薦頁面上。更好的預測能夠吸引更多的顧客，更多的顧客代表更多的數據資料，而更多的數據資料能夠將預測更精準化，形成一個良性循環。

2016 年全球首間無人商店 Amazon Go 橫空出世，開始在各國掀起話題。各家企業在打造無人商店時有許多獨有的想法，近幾年比較常聽到的相關技術有二，一是透過人工智慧分支裡的電腦視覺辨識，另一個則是物聯網核心之一的無線射頻辨識 (RFID)。在西方國家的無人商店，目前多採設立自助結帳區，透過掃描條碼或是電子標籤，讓消費者自助式的掃描欲購買的商品並完成結帳作業。

相對起消費者需要自行掃描商品並進行結帳的情況，大家對於無人商店更直觀的想像應該是「拿了就走」。透過 AI 電腦視覺辨識結合設定在貨架上的重量感應器及架設在無人商店的感測器，這樣的想像逐漸落實。東京無人實驗商店在 2019 下半年啟用，前述消費者需要掃描條碼的景象不再出現。消費者下載特定應用程式後，在無人商店入口透過 APP 進行身份驗證。進入後拿取或放回商品種種舉動會透過天花板設置的相機及貨架上的重量感測器進行行為判斷，掌握消費者實際購買的物品，離開商店時則會透過綁定在手機應用程式中的資訊自動扣款並發送電子收據。

在金融方面，AI 技術能夠大大的降低人力成本。金融是個與數字息息相關的產業，而在處理數字方面，不論是精準度或是速度上，AI 確實比人類更勝一籌。因此，不論是分析交易數據或是股市數據，AI 都是比人類還厲害的存在。此外，AI 在信用評比分析上也扮演著重要的角色。它搜集每個人的資料，包括消費行為、交友圈情況、手機好的更換頻率等等，用機器學習的技術將這些數據轉化成信用分數，來判斷此人的信譽是否良好。而這些分析的工作如果交給人類做，恐怕會花過長的時間。所以人工智慧必定是最好的選擇。

九、教育應用

在過去的幾年內，教育界見證了人工智慧科技的蓬勃發展，不論是學術上各種神經網路的誕生及變形，或是眾多應用在教學上的設備，無不代表人工智慧應用在教育有著一定程度的貢獻。人工智慧在教育層面上帶來了多元強化的展望，特別是個人化教育。透過不同的機器學習演算法及自然語言處理，讓 AI 了解學生的問題，快速衡量出學生的學習弱點並且分析學生的學習過程。線上學習不再是死板的用同樣的水準衡量所有的學生，而是針對每位學生不足的地方去提供協助，針對擅長的領域去延伸學習，讓教師可以快速的掌握每位學生的學習需求及風格達到「因材施教」與「因材施測」的目標。

要做到上述的個人化學習所需的重要關鍵之一在於大量的學生資料。現在的社會環境相當重視自己的資料隱私，如果能以合乎道德、安全、透明的方式來收集和處理這些大大小小的學生學習資料，就能讓人工智慧有效且多方面的改善相關領域。

西班牙的莫夕亞大學 (University of Murcia) 則是藉由回答學生對於校園

及學習領域的問題來測試 AI 聊天機器人。據報導指出，該聊天機器人能正確回應 91% 的問題。透過這樣的方式，不僅能在非上班時間快速回覆學生的問題，也能藉此了解到學生擔心或者有興趣的問題。

十、製造工業應用

石油公司 Woodside 打造數位 KM 小幫手，快速從百萬文章找到決策資料

澳洲第二大石油和天然氣生產公司 Woodside Energy 要用 AI 來幫助工程師快速找到解決問題的參考資料。先建立一套企業內部石油知識庫 Corpus 系統，整合了各種內部專業文件，決策紀錄、技術評估手寫的報告、影像和影片等，光是石油相關資訊就超過 60 萬頁。再打造了一個企業 KM 小幫手 Willow，讓工程師透過自然語言查詢方式，快速找到能夠幫助決策的資料。

十一、農業生產應用

AI 也能種菜，全程靠 IoT 和影像辨識將蔬果顧到熟

日本靜岡縣磐田市一家農產公司 SAC iWATA，利用 IoT、雲端技術和 AI 來種植蔬果，特別種植高單價的羽衣甘藍和番茄等農作。提供技術的富士通打造了一款自動監測車，裝上紫外線 LED 照明，搭配視訊監控攝影機，能夠在溫室內部走道移動，拍攝植物生長情況，再利用影像辨識技術，自動判斷農作物感染病蟲害病變的情況。生產全程全部都用 AI 辨識技術來監控，取代過去用人眼辨識的作法。

十二、行銷零售運用

(一) Sony 將在日本推出 AI 叫車服務

Sony 準備在日本聯合當地的計程車業者推出 AI 叫車服務，可根據乘客過去搭乘紀錄、行程、交通狀況、天氣進行分析，支援派車的安排。

Sony 很早就投入 AI 的研發，擁有神經網路技術，除了用於機器寵物狗 Aibo 外，並將其神經網路函式庫及開發工具開放出來，供外界開發人員使用。

(二) 溫布頓球賽炒熱氣氛靠 3 大 AI 應用

溫布頓網球賽無疑是全球關注最熱切的網球公開賽，不只因為最高額獎金或是費德勒等網球天王加持，為了炒熱話題，主辦單位全英草地網球俱樂部還運用了多項 IBM Watson 認知技術來炒熱氣氛，和提高球迷參與度。

(三) NBA 球隊靠 AI 選對高人氣又划算的厲害球員

在 NBA 籃球賽的輸贏不只是在球場上，光是賽前的球員交易和選秀，就是決定日後比賽成績的第一個關鍵。多倫多暴龍為了在有限預算下，打造出一支有人氣又有競爭力的球隊，利用 Watson 認知服務來協助選秀和找對球員。一方面提供手機 APP 讓球探可以即時回傳球員情報，另一方面也蒐集球員在社群媒體上的活躍情況來預測球員特質，最後可以產出建議交易的球員交易供球隊參考，萬一交易失敗，還能快速提供備選人選，供球隊善用預算搶到球員。

(四) 顧客滿意度全程透明化，通吃語音和文字客服

富士通利用 AI 發展出了一套顧客滿意度視覺化平臺，利用 AI 技術，可以從顧客瀏覽網頁商品開始追蹤，從瀏覽行為過程來推測顧客意圖，進一步還可以整合到 Chatbot 文字客服服務和真人語音客服，還能分析文字或聲音中的情緒來推測顧客心情。客服人員可以在一個網頁中看到顧客不同階段的滿意程度和開心程度，來決定採取的回應策略。

(五) 只打雜的法務助理小心沒工作，律師業加速擁抱 AI

英國的 Berwin Leighton Paisner 法律事務所，便利用人工智慧系統 Ravn 來處理房地產權爭議案件，該系統會自動從英國房地註冊系統擷取資訊，一旦有與案件相關的註冊變動，便會主動通知承辦律師。另家國際事務所 Orrick, Herrington & Sutcliffe 東京分所合夥律師高取芳宏 (Yoshihiro Takatori) 亦表示，一家客戶因為他們採用 AI 系統，得以將人工處理文件數量由 200 萬筆降至 15 萬筆，光律師費就省下 21 萬美元。

(六) 結合 AI 及視覺辨識技術，美連鎖漢堡店 CaliBurger 要用機器人煎肉餅

美國一家連鎖漢堡店 CaliBurger 將由 2018 年起，引進新的煎台機器人，為漢堡肉餅翻面的工作，將由機器人取代。這款機器人搭載了人工智慧與電腦視覺技術，用來判斷煎臺上的物品種類、漢堡肉餅的熟度，以追蹤並判斷肉餅是否需要翻面，或是可以起鍋。

隨著 AI 的發展，讓聊天機器人 (Chatbot) 更有能力可以解決細緻的個人化客服。根據國際研究顧問機構 Gartner 預估，到了 2021 年有超過 50% 的企業每年花在聊天機器人的投資將會超過傳統 App，揭示了聊天機器人是未來改變做生意以及客服方式的那把鑰匙，而臺灣智慧手機滲透率超過七成，消費者在行動化的趨勢下期待客服回應能夠更加即時、快速、有效率，而聊天機器人就非常適合人手一機的行動平台，顧客不必再等待客服忙線轉接，能在最緊急的時候得到最完善的解答。

「航空業」便是生活中需要處理大量客服需求的產業之一。根據《國際航空電訊協會》一項最新統計，目前已經有 14% 的航空公司、9% 的機場導入聊天機器人應用。荷蘭皇家航空公司 (KLM) 就是首個採用 AI 客服的航空公司，與 Facebook Messenger 合作，除了透過 Messenger 讓乘客接收航班資訊，搭配 6 萬條問題答覆資料庫，讓 AI 客服解答乘客疑問，若遇到無法處理的問題，會再轉交人工客服處理。因此「人機協作」、「多工模式」就成了 AI 客服成功的關鍵優勢，實際執行後，為客服人員省下大量的時間，能更專注在有緊急需求的乘客身上，當顧客越傾向使用 AI 客服，系統過重複累積的資料就能幫助顧客更容易、更快找到答案，公司不僅可以節省成本，顧客也能因此得到更高品質的服務，甚至進一步提升銷售成績。

看完上述可以知道人工智慧的應用在各個領域百花齊放，也清楚仍有許多困難需要解決。原因在於接下來以人工智慧為基礎的世界，有許多人類工作的方式將被改變及顛覆。隨著時間的演進，許多重複性及例行性的工作將會全面自動化，同時也會有更多不同的職業應運而生，但我們現在無法確定哪些技能是必須的，哪些是之後比較不被看重的。該如何適應這一波新的潮流，將是我們需要面對的課題。

實施人工智慧技術的另一難題則在於資料的取得與應用。針對資料的使用，如果有一個透明且符合道德的方式來規範使用資料的做法，並且在社會各個層次做出一些必須且重要的決策，相信將能更有效率地發展出新的應用。雖然人工智慧至今帶來許多令人興奮的應用與展望，特別是改善了許多的新興產業及傳統產業，但其實現在只是使用人工智慧技術的初期階段，未來仍有更多的實驗與研究，才能讓人工智慧在各個領域中發揮出最大的價值。

精選相關 YOUTUBE 影片

未來的醫療是什麼模樣？｜張智威 Edward Y. Chang｜TEDXTaoyuan

人工智慧只能拿來下棋嗎？我們總是花大把時間到醫院掛號、等候看診，還因為不知道病痛在哪裡，跑錯診別；開發中國家的人們沒有辦法輕易找到醫生，又該怎麼面對疾病？將人工智慧結合大數據、雲端技術，未來的看診和整個醫療環境，可能將被完全改變。現任 HTC 研發及醫療總裁的張智威，畢業於史丹佛大學電機博士，曾任 Google 中國研究院院長、香港科技大學計算機系客座教授、加州大學聖塔芭芭拉分校電機系正教授，為機器學習和多媒體研究領域的專家。2018 年起兼任加州大學柏克萊分校訪問教授。

https://www.youtube.com/watch?v=PibK6Rs4heI

Appier Aixon 人工智慧商業決策平台｜用 AI 深入分析、快速決策

現今企業的資料量爆增，但卻面臨不知如何從資料中獲得可洞察市場和消費者的資訊。為了符合種種持續成長的需求，企業必須具備能克服這種難題和挑戰的科技。Appier 為企業面臨越趨複雜的難題提供獨特的解決方案，運用獨有的深度學習與機器學習演算法助企業有效運用資料作更明智的決策。我們的技術可讓企業運用人工智慧將資料變成可以加速決策的洞察力。

https://www.youtube.com/watch?v=QMSZrf3cxZ4

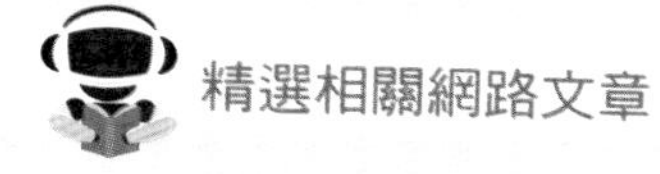

精選相關網路文章

- AI 應用無所不在 你跟上了嗎？
  https://www.digi.ey.gov.tw/News_Content.aspx?n=0A9FCBFE358FBE72&sms=C5D097AE49AFEE4C&s=8B696B37DCFE82CA
- 人工智慧的醫療照護應用
  https://scitechvista.nat.gov.tw/c/sTkT.htm
- 看亞馬遜如何善用 AI 預測力，改變企業商業模式
  http://books.cw.com.tw/blog/article/1216
- 人工智慧在金融科技上的應用
  https://scitechvista.nat.gov.tw/c/sTkv.htm
- 人工智慧把高等教育個人化了
  https://www.hbrtaiwan.com/article_content_AR0009283.html
- 自動駕駛的未來臺灣準備好了！ARTC 自駕車自主研發技術實在給力
  https://www.carstuff.com.tw/topic/item/28275-artc.html
- 俥科技：臺灣首台自研自製的自駕電動小型巴士「WinBus」公開展示 符合 Level 4 自動駕駛規範
  https://www.cool3c.com/article/147406
- 解放日本勞動力，東京無人實驗商店啟用、2020 年拚 1,000 家
  https://www.bnext.com.tw/article/54739/ntt-data-2020-1000-stores-self-service-store
- 無人商店之眼：席捲新零售時代的 AI 智慧貨架
  https://www.cool3c.com/article/145996

➲ AI 助理登堂入室 智慧家庭應用倍增新活力

https://www.2cm.com.tw/2cm/zh-tw/tech/2597DF1FE24843BBB254C7380B3A281B

CHAPTER 2

機器學習概論

2-1 什麼是機器學習

「科學 (science)」是指一種系統性的知識體系，它積累和組織並可檢驗有關於宇宙的解釋和預測，強調預測結果的具體性和可證偽性。近年來，提出「資料科學 (data science)」是一門利用資料學習知識的學科，其目標是通過從資料中提取出有價值的部分來生產資料產品。它結合了諸多領域中的理論和技術，包括應用數學、統計、圖型識別、機器學習、資料視覺化、資料倉儲以及高效能計算。（維基百科）

數學 (mathematic) 一直是科學的基礎，一般通稱數學是科學之母、物理是科學之父。統計學 (statistics) 是建構資料蒐集、整理與表達的程序與方法（敘述統計），並透過機率論的基礎，建立採用樣本資料推論母體特徵的流程（點估計、信賴區間與假設檢定：統計推論），並進而提出各種統計模型、採用不同參數 (parameter) 來表達真實社會的意義，透過統計推論方法來找出統計證據（一般研究採用 p_value<0.05），達成真實社會各種不同領域現象發生的解釋與預測。

對於量化研究而言統計分析是必備的工具，除了單變量分析方法：t 檢定（單一樣本、獨立樣本、成對樣本）、卡方檢定、相關分析、變異數分析 (ANOVA)、迴歸分析 (Regression Analysis) 與時間數列分析 (ARIMA) 等，還有多變量分析方法：主成分分析 (Principal Component Analysis)、探索性因素分析 (Explore Factor Analysis)、驗證性因素分析 (Confirm Factor Analysis)、集群分析 (Cluster Analysis)、鑑別分析 (Discriminant Analysis)、典型相關分析 (Canonical Correlation Analysis)、路徑分析 (Path Analysis) 等。

資料採礦 (Data Mining；DM) 源起於 1987 年 Fayyad 在通用汽車公司 (GM) 打工時，為能解決讓任一 GM 的技工對所有 GM 的車輛，很快速能夠找到修理汽車問題的方法，透過整合 GM 所有資料庫、提出圖像識別 (Pattern Recognition) 的博士論文。資料採礦在 1995-2005 年間大放異彩，主要的原因是網路世界的普及，許多的網路資料庫開始被大量使用，各種 SQL 結構化的資料庫開始建構，因此透過整合各種資料庫，透過資料採礦的技術進行所謂的

「資料庫中的知識發現 (Knowledge Discovery in Database；KDD)」。資料採礦教科書中最常提及的例子：美國大型超市 Walmart 透過資料採礦的技術-關聯規則 (Association Rule)，發現「每周五的晚上，有買尿布的人則會買啤酒的關聯度很高」。因此，資料採礦 (DM)主要的目的與統計學有些許的不同，企業使用資料採礦 (DM) 的方法分析消費者的消費資料庫，希望找出消費者的習慣與想法。這時候資料的蒐集來源大部分來自各企業的會員或網頁，都屬於結構化的資料庫。

事實上，資料採礦的工具大量的採用統計的多變量分析方法外，並導入決策樹 (Decision Tree)、類神經網路 (Artificial Neural Network)、支援向量機 (Support Vector Machine)、基因演算法 (Genetic Algorithm)、K 最鄰近演算法 (K-Nearest Neighbor) 等。

2010 年前後出現「大數據 (big data)」名詞，大數據分析強調 4V 的概念：Volume（資料量大）、Variety（資料型態多元）、Velocity（資料處理速度快）與 Veracity（資料的真實性）。最常被提及的應用範例就是歐巴馬當年的總統選舉活動的策略，部分是透過大數據分析所產生的；各大企業開始透過網路爬蟲 (web crawler) 的技術蒐集各大網路新聞、社群媒體、討論區、部落格等文章，進行輿情分析 (public opinion analysis) 來了解廣大網民的想法。各大資訊企業的網路平台開始釋出，Amazon、Google、Microsoft…等都提出了大數據資料儲存、處理與分析平台，此時開始有了「機器學習 (Machine Learning)」的名詞。

機器學習 (Machine Learning) 顧名思義機器學習就是要讓機器（電腦）像人類一樣具有學習的能力，必須由人類賦予，給予過去已經發生的歷史資料，透過不同的演算法、不同的模型、不同的參數，讓機器能像人類一樣留下記憶、留下經驗，學習到解決問題的方法。「機器學習」是由資料中累積、估計、或計算經驗以獲得技能的一種方式。例如：利用過去的銷售紀錄透過機器學習找到讓銷售量加倍成長的銷售模式、利用網路消費者的瀏覽紀錄資料透過機器學習找到修改網頁頁面的設計。

機器學習最直觀的認識即是通過演算法來分析數據、從中學習後用來判斷或預測現實世界裡的某些事情，並非靠著手動編寫帶有特定指令的程式碼來完成事件的判斷及預測。透過使用大量的數據和演算法來「訓練」機器，讓它學習如何執行任務。

機器學習是關於如何預測未來？它可以透過以下的方式來進行訓練：

1. 它需要資料（去訓練系統）
2. 從資料中學習樣本
3. 根據步驟 2 所獲得的經驗，替之前從未見過的新資料做分類，並推測它可能是什麼東西。當然，這項分類必須是能夠與訓練資料中的某項分類相符合。

機器學習的厲害之處在於它可以自主學習。目前機器學習的相關應用都做得不錯，像是識別物件，同樣的機器學習系統仍然可以使用在未來的物件，並不需要重寫程式碼，這是相當方便且強大的。

最早提出人工智慧概念的學者們構思出機器學習的概念，多年來也發展出很多演算法，例如：決策樹學習、歸納邏輯程式設計、集群、強化學習和貝葉斯網路等等，但是這些都沒有達到廣義人工智慧的最終目標，而早期的機器學習方法，甚至連狹義人工智慧也未曾實現。

事實證明，多年來機器學習的最佳應用領域之一是電腦視覺，不過還是要靠大量人工編碼作業來完成工作。人們會製作人工編碼分類器，像是邊緣檢測過濾器，讓程式可以識別對象的啟止位置，並進行形狀檢測來確定它是否為八邊形，還有用來識別「S-T-O-P」的分類器。從這些人工編碼的分類器中，發展出能理解影像的演算法，「學習」判斷是否這是一個停止標誌。結果還算不錯，但還不太夠。特別是在起霧時無法完全看到標誌的情況下，或是有一棵樹掩蓋了標誌的一部分的時候，就比較難成功。而太過脆弱又太容易受到周圍環境影響的電腦視覺和影像檢測技術，還達不到與人類媲美的水準，一直要到近期才有重大突破。

一、人工智慧、機器學習、深度學習的區別

曾經有人說，人工智慧是未來、科幻小說或是已經是我們日常生活的一部分。這些說法都是可以的，主要取決於你把人工智慧歸在哪一類。而就在 2016 年，Google DeepMind 的 Alphago 程式擊敗了韓國圍棋大師李世乭九段。而人工智慧、機器學習和深度學習變成大家在網路上熱蒐的關鍵字，雖然這三者都是 AlphaGo 擊敗李世乭的原因，但是它們不是同一個概念。

區別這三者最簡單的方式，可以參考下圖，人工智慧是最大的一個集合，子集合則包括了機器學習，再進一步的子集合則是深度學習。

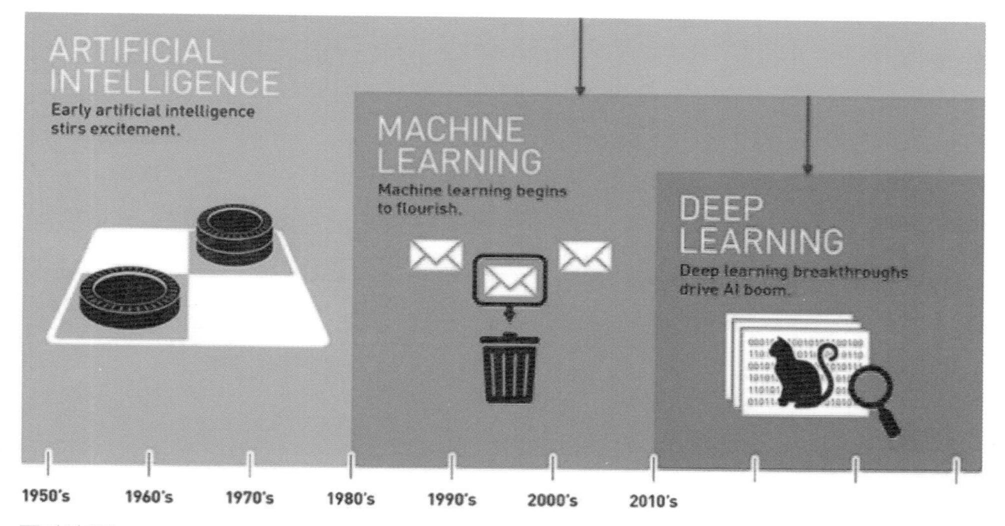

圖片來源：https://blogs.nvidia.com.tw/2016/07/whats-difference-artificial-intelligence-machine-learning-deep-learning-ai/

二、機器學習的應用

(一) 瑞典工具機大廠異常預警速度快 20 倍的關鍵

瑞典百年工具機大廠 Sandvik Coromant，產線上經常會用到高精細切割操作的切割機器，每部機器都內建大量感測器，為了追蹤機器中上千個可動零件是否正常運作，甚至要做到預防性的設備維護，Sandvik Coromant 利用機器學

習技術訓練出預警模型來進行異常事件判斷。過去得將感測器蒐集的資料傳上雲端分析，平均得花 2 秒才能回報結果，目前這家公司改用工廠產線旁的邊緣運算伺服器，來執行機器學習預警模型，不用回傳雲端就能進行分析，讓預警時間縮短到 0.1 秒就能反應，足足快了 20 倍。

(二) 艾米奇設計女鞋有一套，分析大量網路討論找出流行新元素

中國成都一家女鞋製造商艾米奇與 SAP 合作，利用機器學習自然語言分析網路上蒐集的大量資料，來提供未來流行鞋款的設計元素預測，這些資料主要包括了來自淘寶網、微博 、設計網站 、流行時尚報告，以及客戶意見回饋等結構化和非結構化資訊。從中建構出一個可以供設計師參考的流行元素資訊。

(三) 杜拜警方宣布將導入自駕巡邏車 O-R3

該款可自動駕駛的巡邏車能夠自動偵測環境，還能辨識人臉與車牌，必要時還可追捕犯人，年底前便會上路，將率先應用於杜拜的旅遊景點。O-R3 是由新加坡業者 OTSAW Digital 所打造，它採用機器學習演算法與 3D SLAM 技術，能夠敏銳地洞察周遭環境，包括偵測異狀、閃避障礙物，還能自行充電。

精選相關 YOUTUBE 影片

What Is Machine Learning @ Machine Learning Foundations（機器學習基石）

https://youtu.be/sS4523miLnw

Applications of Machine Learning @ Machine Learning Foundations（機器學習基石）

https://youtu.be/PveL3-fO_Qk

Machine Learning and Other Fields @ Machine Learning Foundations（機器學習基石）

https://youtu.be/vc2BimJ3XJA

ML Lecture 0-1: Introduction of Machine Learning

https://youtu.be/CXgbekl66jc

精選相關網路文章

- 翻轉人類未來的 AI 科技：機器學習與深度學習
  http://technews.tw/2017/10/05/ai-machine-learning-and-deep-learning/
- 從人工智慧、機器學習到深度學習，你不容錯過的人工智慧簡史 - INSIDE 硬塞的網路趨勢觀察
  https://www.inside.com.tw/article/9854-ai-history
- 人工智慧、機器學習與深度學習間有什麼區別？
  https://blogs.nvidia.com.tw/2016/07/whats-difference-artificial-intelligence-machine-learning-deep-learning-ai/

2-2 機器學習的分類

機器學習的方式和人類進行學習的方式相當類似，人類學習的邏輯形式可以分成歸納法以及演繹法。歸納法的概念是由「部分累積到整體」，透過觀察每一個個體後得到一個適用於整體的規則；演繹法則是由「已知的部分推論未知的部分」，也就是從已知的前提接著推導出下一項的規則或情況，如此層層的演繹下去，來得到一些東西。機器學習的分類可以分為以下四種：

- 監督式學習 (supervised learning)、
- 非監督式學習 (unsupervised learning)、
- 半監督式學習 (semi-supervised learning)、
- 增強式學習 (reinforcement learning)

一、監督式學習 (supervised learning)

監督式學習就像是基於經驗以及記憶的歸納法，給予資料正確的標籤讓機器去進行學習。因為所有的資料都有標準答案，可以提供機器建立的模型在輸出時判斷誤差使用，預測時比較精準，就好像考試有提供答案，學生在答完問題後可以知道哪裡有問題，下次考同樣範圍的考試時成績會越來越好。

舉例來說：我們任意選出 10000 張水果（只有兩種：蘋果與橘子）照片，並且「標註」(Label) 哪些照片是蘋果、哪些照片是橘子，輸入電腦後讓電腦學習認識汽車與機車的外觀，因為照片已經標註了，因此電腦只要把照片內的「特徵」(Feature) 取出來，將來在做預測時只要尋找這個特徵（顏色）就可以辨識這兩種水果了！這種方法等於是人工「分類」，對電腦而言最簡單，但是對人類來說最辛苦，因為要盡量確保標籤的正確性，如此一來機器學到的才會正確。

二、非監督式學習 (unsupervised learning)

從監督式學習的學習方式我們可以知道當資料越乾淨、標籤越準確時，機器所找到的特徵會越重要、學習的成效越優秀。但在現實生活中，乾淨且經過標記的資料並不是那麼容易取得，因此資料科學家們就會設計讓演算法去回答一些他們也不知道答案的問題。在非監督式學習裡，會將一組未明確指示處理方式的資料集交給機器去學習也就是透過這些資料去訓練模型。訓練資料集是一組無特定期望結果或正確答案的例子，機器會嘗試擷取出有用特徵，以求自動找出資料結構或是得到沒有標準答案的的答案。

三、半監督式學習 (semi-supervised learning)

半監督式學習則是如同它的名字所示，介於監督是學習與非監督式學習之間，當今天手上的資料有部分已經做好標記，另一部分並未標記，而進行標記這件事又會耗費相當大的人力及時間成本時，就可以透過半監督式學習的模式。在給予部分正確的資料標籤下，讓機器去擷取出有用特徵，一方面可提供模型的準確度，令一方面又可以減少時間成本。這種方式最常聽到被用於醫學影像的辨識上，像是 CT 掃描或 MRI 等。經由專業的放射科醫師標記一小部分腫瘤或疾病的掃描內容，剩下的則讓模型自動去擷取。透過少部分有加上標記的資料提高深度學習網路的模型成效，與完全無監督的模型相比，這種方法的準確度也較高。

四、增強式學習 (reinforcement learning)

增強式學習則是一種透過周遭反饋提升自我的一種學習模式，模型會根據不同的狀況 (state) 嘗試各種決定 (action)，再根據此決定得到的結果好壞調整接下來的行動。就像是在電玩遊戲中，新手教學時期常常會出現指定條件，如果達成條件就能夠得到獎勵或是前往下一個劇情。如果沒有系統針對角色的行為正面及負面回饋，玩家只能隨機的遊玩，難以明確的往下一關卡前進。AlphaGo 就是強化式學習的一種應用。

精選相關網路文章

監督式學習、非監督式學習、半監督式學習與強化學習這四者間的區別

https://blogs.nvidia.com.tw/2018/09/supervised-unsupervised-learning/

翻轉人類未來的 AI 科技：機器學習與深度學習

http://technews.tw/2017/10/05/ai-machine-learning-and-deep-learning/

深度增強學習：走向通用人工智慧之路

https://www.itread01.com/content/1543129639.html

2-3 機器學習的步驟

針對每一個機器學習建模的專案，在此提出一個規範步驟，以利剛開始學習機器學習的執行，每一步驟都相當重要。有了完善的規劃才能夠完成的實施並且成功，因此以下提供幾個大方向的步驟，這樣的一個流程可以適用在各個領域的資料之中。步驟如下：

- 蒐集資料 (collect data)
- 資料清理 (data clean)
- 資料準備 (data prepare)
- 選擇建模演算法 (select algorithm of model building)
- 訓練與評估模型 (train and evaluate model)
- 實施模型 (model deployment)

一、蒐集資料

當確立了新的專案的目標之後，首先要做的是開始進行資料的蒐集，包含了對既有的資料進行盤點以及對尚未擁有的資料進行蒐集。當所能拿到的資料量越大、資料種類越多元，所能得到的資訊就越多。當然並不是絕對，而是當所擁有的越多，能做的選擇就越多。

二、資料清理

蒐集及盤點好資料以後，我們需要對這些資料有一定的理解以及處理，最常需要處理的有極端值、遺漏值或是單位差異很大時，必須進行標準化或正規化的轉換。不同類型的資料要進行的處理亦不同，像是連續型資料可以透過平均數、標準差、四分位數等統計指標了解資料的離散程度；類別型資料可以透過眾數來了解不同選項之間的分布狀況。此步驟也可以進行一些衍生變數的操作，像是擁有身高及體重兩個變數時，可以自己衍生出一個變數叫 BMI，透過數學的轉換保留一定程度的資訊又能減少模型訓練的複雜程度。

這部分同時也要對資料欄位進行明確的定義、資料清洗及資料篩選，在輸入資料時常常會有不小心填寫錯的狀況，像是年齡出現負數就需刪除該筆資料或是透過出生年來計算正確的年齡。例如在健保資料庫中具有全年齡人口的健保紀錄，但若研究主題是針對老年人口時，僅需篩選出 65 歲以上的人。若在實價登錄的資料常常會出現遠低於平均價格的成交價，這些具異常狀況的離群值，都是在此步驟時透過一些統計指標去偵測並加以排除，維持資料的乾淨程度，以利後續建立機器學習模型時能得到較佳的成效。

三、資料準備

當資料清理好之後，通常會將資料隨機抽取成兩份資料集，一份是訓練資料集 (training set)，另一份則是測試資料集 (testing set)。訓練資料即將參與模型訓練的部分，而測試資料是當模型訓練好後，作為評估模型成效用的資料。通常會依照 7:3 或 8:2 的比例分配訓練集與測試集的資料，也有些專案會增加一組資料集做為調整模型的超參數，稱為驗證集 (validation set)。

四、選擇建模演算法

面對不同的問題，所要選擇的模型演算法也不盡相同，就算是相同範疇的問題，也會有不一樣的方法可以去嘗試及選擇。例如遇到分類問題（標籤變數為類別型態變數）常用的方法有邏輯斯迴歸、決策樹、隨機森林、支持向量機、類神經網路等演算法；迴歸問題（標籤變數為連續型態變數）有線性迴歸模型、迴歸樹 (CART)、類神經網路、支持向量機等。模型的選擇要針對手中握有的資料特性及類型還有要解決的問題，兩方面來作為衡量的依據，模型的選擇沒有絕對的對與錯，端看操作者對於自身實際的狀況進行最後的選擇。

五、訓練與評估模型

採用訓練集資料與所選定的演算法進行建模工作，所謂的建模工作即是運用演算法的邏輯，在損失函數 (loss function) 的設定下：一般對於類別型態的標籤變數，定義為交叉熵 (cross-entropy)；對於連續型態的標籤變數，定義為平均平方誤差 (mean square error)。並對所有的訓練集資料計算其損失值，透過學習的機制，尋找出一組的模型參數使得損失值達到最小，則視為配適此組訓練集資料的最佳模型。至於學習的機制則一般採用梯度下降法 (gradient descent method)，這是微積分的原理，利用偏微分的數學方法，來找出如何改變參數值且能降低損失值得公式，透過遞迴方式、利用電腦程式的工具來找到最佳模型，這也是「機器學習」名稱之源由。

當模型訓練好後，通常會將未加入模型訓練過程的測試資料放入模型裡進行測試，觀察模型輸出的結果與實際結果的差異程度有多少。通常會藉由一些統計指標來衡量模型的好壞，像是迴歸模型可以用 MSE 來評估，分類模型可以用混淆矩陣來觀察正確率、敏感度以及特異度等等。

評估完模型後，可以透過調整一些訓練過程時所設定的參數來試著讓準確率更高或是訓練的速度更快。像是調整學習率、迭代次數等等。

六、實施模型

當前面的步驟終於完成後，我們終於進到最後一個環節，用訓練出來的模型來預測未知資料的結果了。機器學習是使用資料來回答解決問題，前面所有的步驟就為了鋪陳最後一個環節，這也是體現機器學習價值最重要的一步。

通常資料科學家們也不是第一次就知道資料該做哪些處理、該選擇哪些變數、該使用哪一個建模方法、該如何設定出最佳參數，這些通通會也就是說步驟一到步驟五其實會來來回回好幾次，再依照需求去選出一個最適合的模型。

精選相關 YOUTUBE 影片

The 7 Steps of Machine Learning (AI Adventures)

https://youtu.be/nKW8Ndu7Mjw

Components of Learning @ Machine Learning Foundations（機器學習基石）

https://youtu.be/pR1xsocj_Pw

精選相關網路文章

為什麼機器學習 (MACHINE LEARNING) 會夯翻天？你真的了解它的運作方式嗎？

https://www.mile.cloud/zh-hant/do-you-really-know-machine-learning/

機器學習基本流程 (AIA)

https://notesforai.blogspot.com/2018/05/blog-post.html

2-4 實作單元：使用 Microsoft Azure ML Studio 進行機器學習

一、平台說明

Microsoft Azure Machine Learning Studio（簡稱 ML Studio）是「機器學習」的快速學習工具，其優點：

1. 網路平台工具，申請帳號直接使用。
2. 使用圖形介面只要「拖拉放」，不需撰寫程式碼即可完成建模。
3. 內建資料集，適合初學者練習。

ML Studio 的界面對初學者來說是有點複雜，進行建模程序如下圖：

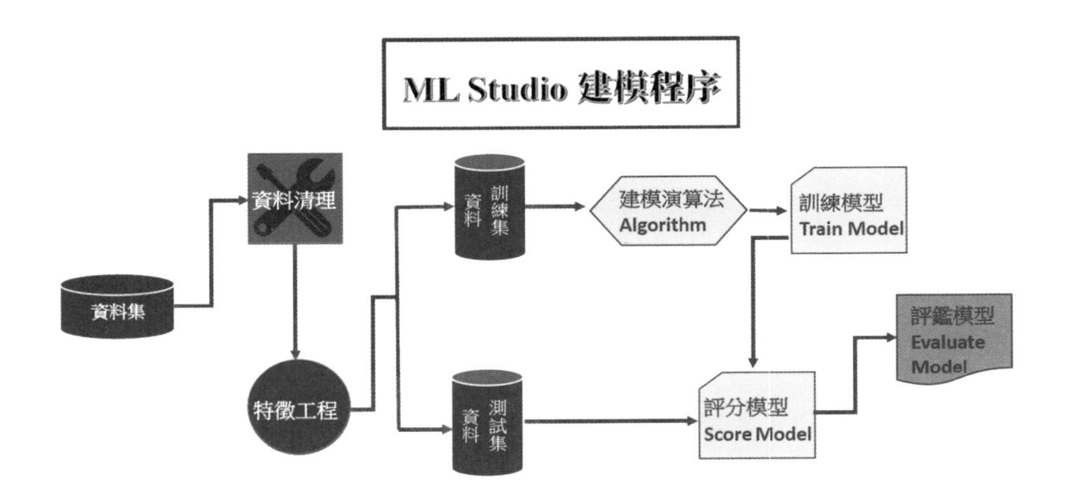

- 微軟官網 ML studio 使用網址：
  https://azure.microsoft.com/zh-tw/services/machine-learning-studio/
- 微軟官網 ML studio 說明文件網址：
  https://docs.microsoft.com/zh-tw/azure/machine-learning/studio/

二、實作說明——建立判斷是否有糖尿病預測模型

(一) 資料集說明

本範例是美國國家糖尿病與消化和腎臟疾病研究所（US National Institute of Diabetes and Digestive and Kidney Diseases，簡稱 US-NIDDK），依據世界衛生組織 (WHO) 的標準，對居住在亞利桑那州鳳凰城附近皮馬印第安人 (Pima Indian) 年齡 21 歲以上的女性，進行糖尿病檢測所蒐集的資料。

原始資料集共有 9 個變數、768 筆觀察個案資料，但由於其中一個變數（兩個小時血清胰島素）有太多的遺漏值，因此將其排除；另外再將其他變數有遺漏值的觀察個案排除後，本範例使用的資料共有 8 個變數、532 筆觀察個案資料。詳細的變數說明如下表（資料檔名：A001-N1DDK_pimaDiabotesData.csv）：

變數名稱	變數意義	單位	資料範圍	變數型態
npreg	懷孕次數	胎	0-17	連續型
glu	口服葡萄糖耐量試驗 2 小時後血漿葡萄糖濃度	mg/dl	56-199	連續型
bp	舒張壓	mmHg	24-110	連續型
skin	肱三頭肌皮膚褶皺厚度	mm	7-99	連續型
bmi	BMI（身體質量指標）	kg/m^2	18.2-67.1	連續型
ped	糖尿病譜系功能		0.085-2.42	連續型
age	年齡	歲	21-81	連續型
outcome	是否有糖尿病（Negative：無糖尿病、Positive：有糖尿病）		Negative、Positive	類別型

檔案名稱：A001-NIDDK_pimaDiabetesData.csv

建模演算法：CART 決策樹演算法

目標變數：outcome（二分類類別型態）

輸入變數：npreg、glu、bp、skin、ped、age

採用 Microsoft Azure ML studio 建模，步驟如下：

步驟 1：進入 Microsoft Azure ML Studio 網站

https://studio.azureml.net/

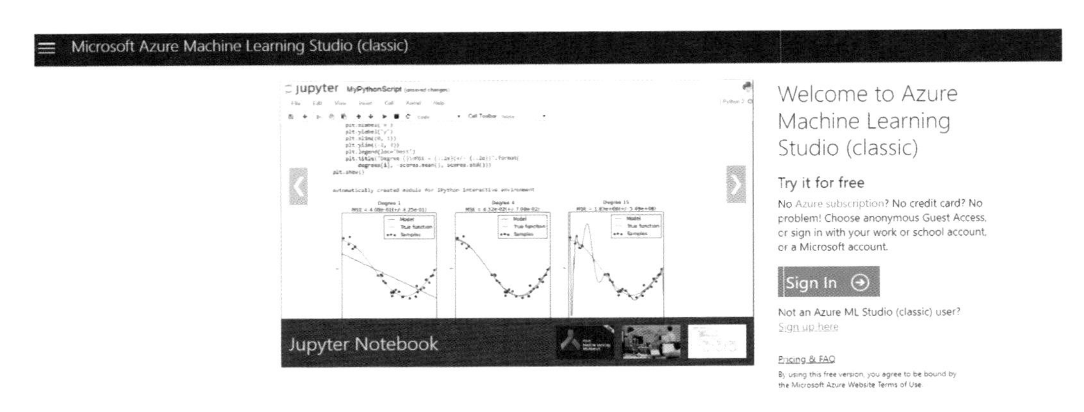

步驟 2：點選「Sign up here」，進入下面網頁：

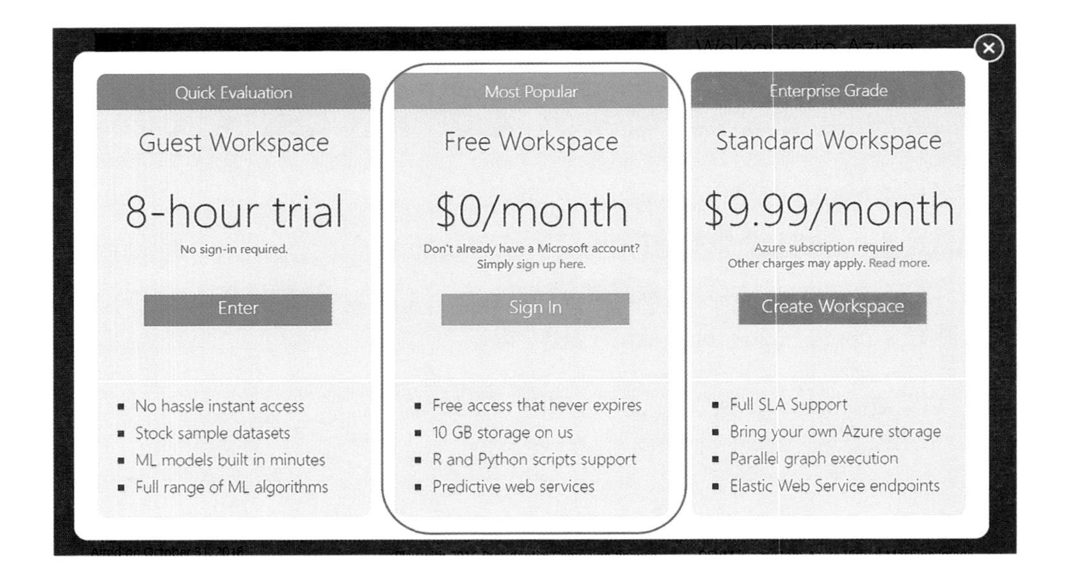

建議採用第二個方案：「Free Workspace」，免費工作空間，每月 0 美元。點選「Sign In」（登入微軟帳號）即可進入建模區塊，如果你沒有微軟帳號，可

以先註冊後再登入，或者點選第一個方案。

步驟 3：登入帳號後，即可進入主畫面如下：

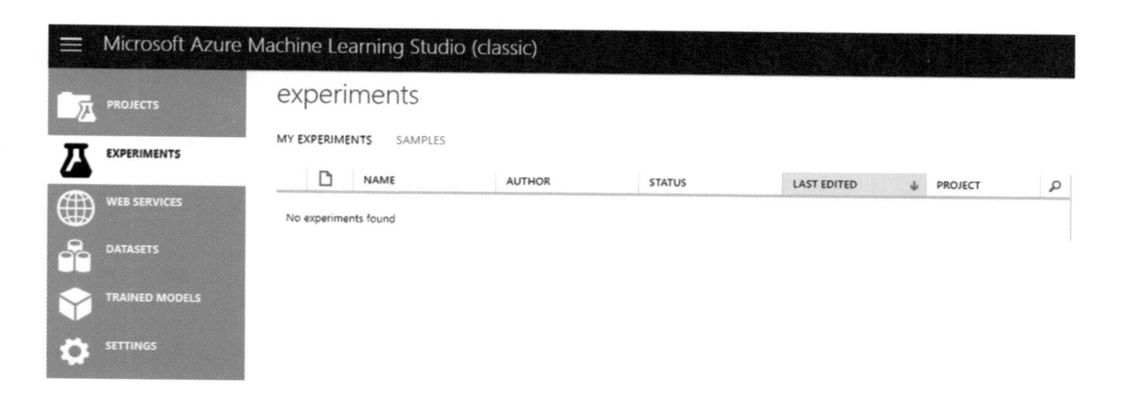

左邊的選單有 6 項：PROJECTS：建立專案、EXPERIMENTS：建立實驗（建模）、WEB SERVICES：網頁服務（佈署模型置網頁）、DATASETS：內建資料庫、TRAINED MODELS：儲存訓練完成的模型、SETTINGS：設定工作空間。

（匯入資料）

步驟 4：ML Studio 本身內建有資料集，可以做為學習使用，也可以使用自己的資料集。本範例採用自己的資料集，因此必須先匯入資料，點選左邊選單的「DEATSETS」，進入下面頁面：

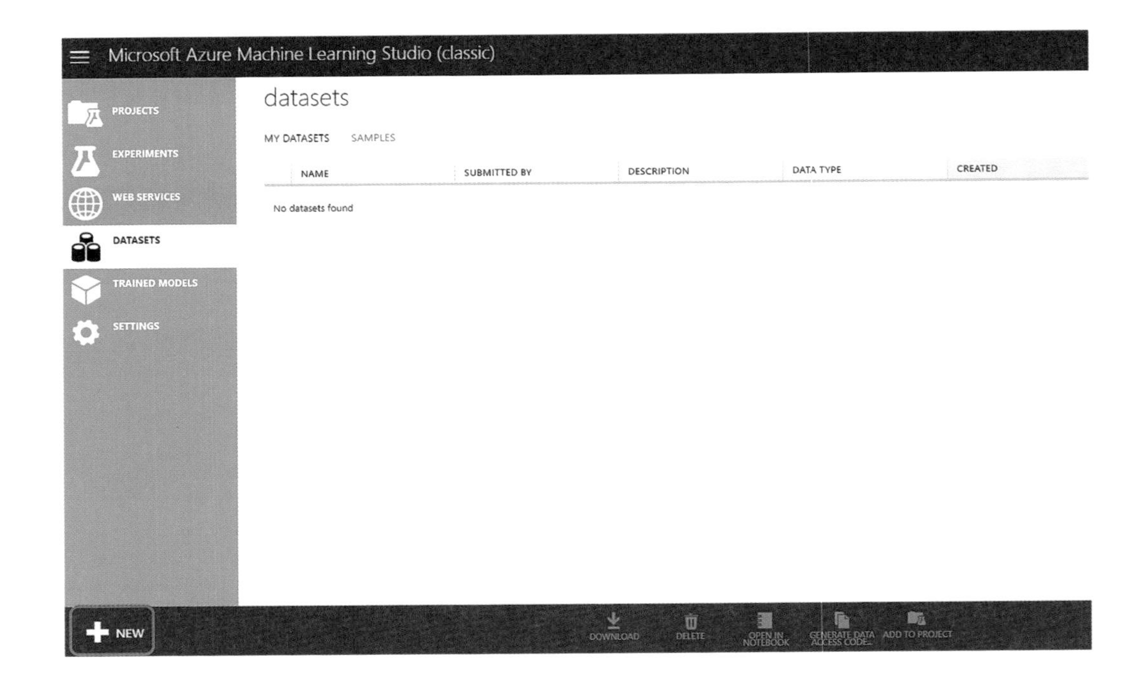

步驟 5：點選左下方的「+ NEW」進入下面設定對話框：

步驟 6：點選中間選單的「FROM LOCAL FILE」進入下面設定對話框：

1. 點選「選擇檔案」找到資料檔（詳見本書目錄後下載說明）：A001-NIDDK_pimaDiabetesData.csv
2. 檢查一下在 SELECT A TYPE FOR THE NEW DATASET：欄位中的格式應該是：Generic CSV File with a header (.csv)。

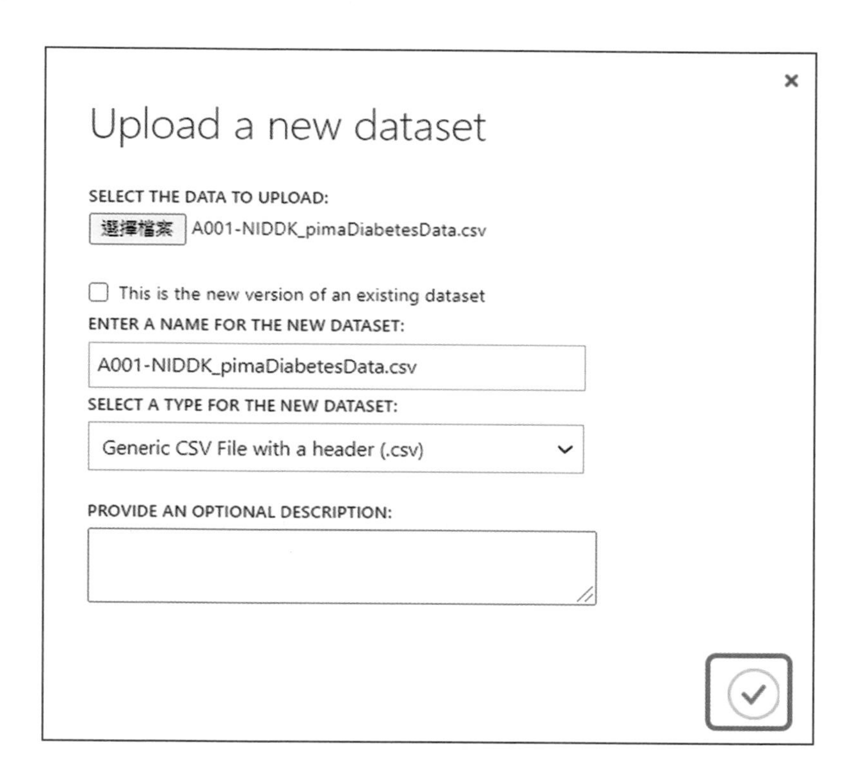

點選右下方的勾勾，會產生

✓ Upload of the dataset 'A001-NIDDK_pimaDiabetesData.csv' has completed.

畫面，點選 OK 的勾勾即完成資料匯入。

（建模開始）

步驟 7：點選「EXPERIMENTS」，進入下面頁面：

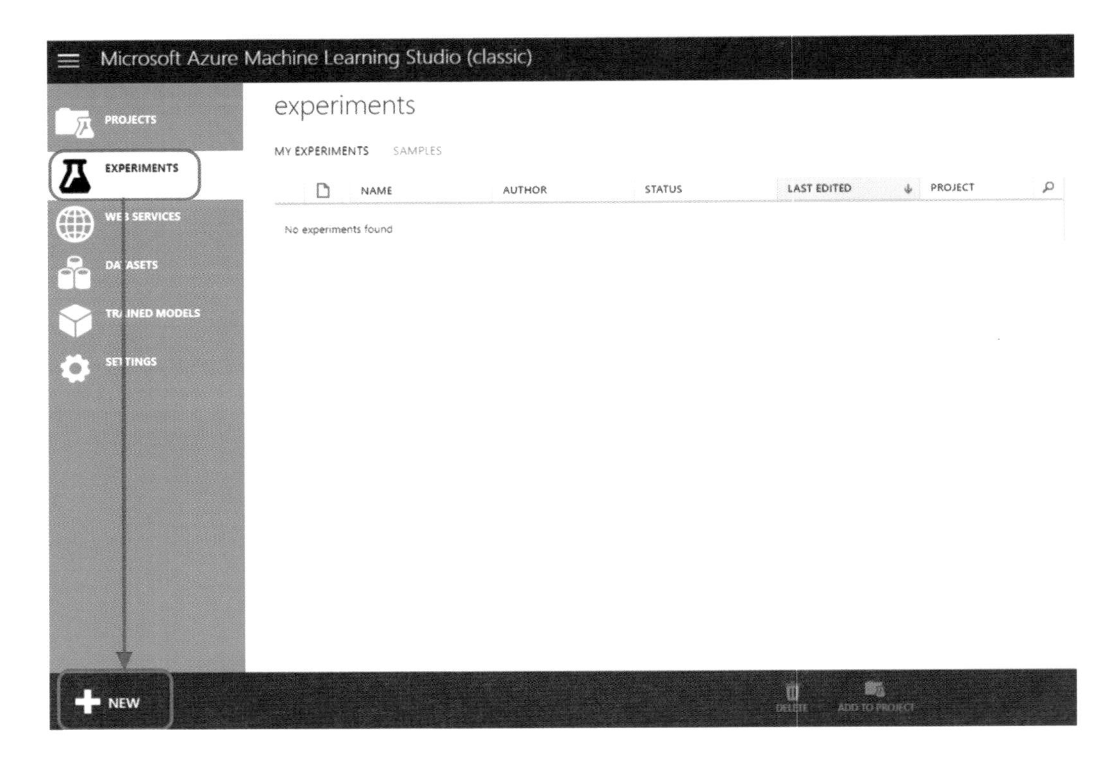

步驟 8：點選左下方的「+ NEW」進入下面的頁面後，點選「Blank Experiment」（空白實驗）：

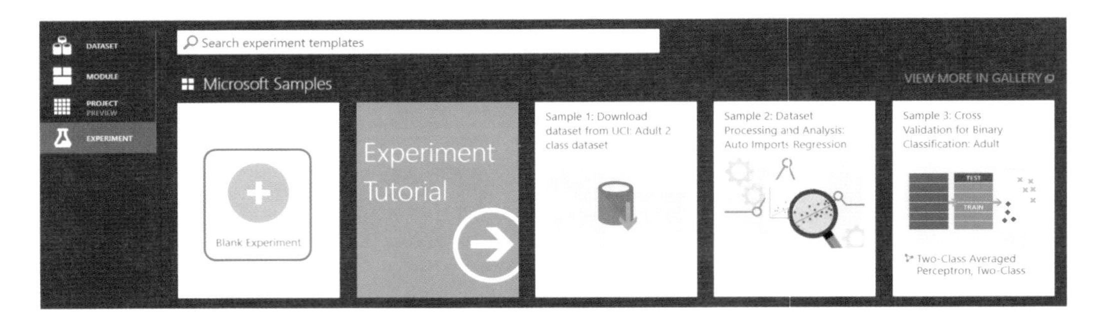

步驟 9：進入下面的建模頁面，點選左方選單的「Saved Datasets」

→「My Datasets」

→「A001-NIDDK_pimaDiabetesData.csv」

用滑鼠拖到右邊的模型區塊的最上方。

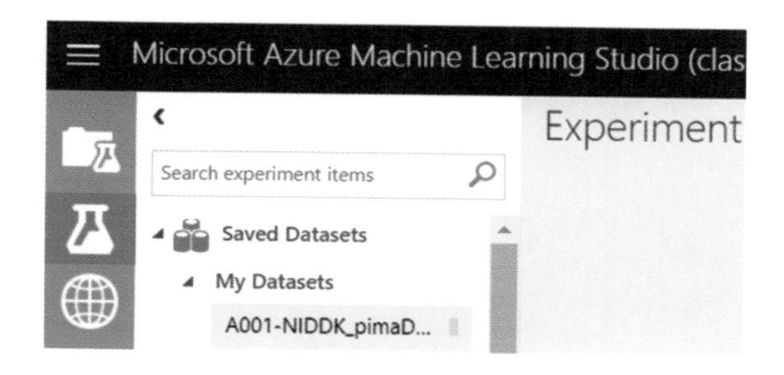

↓

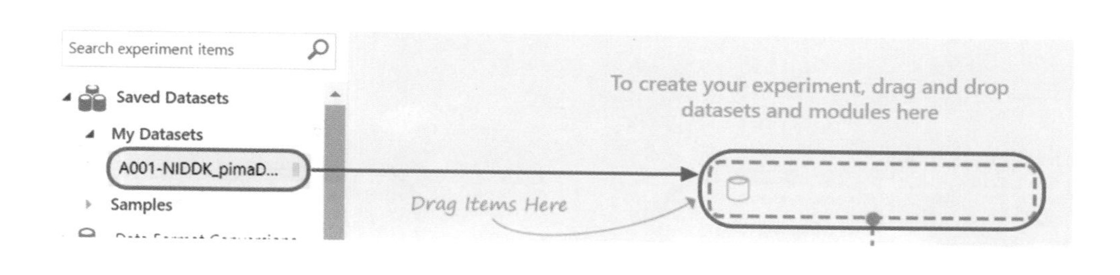

↓

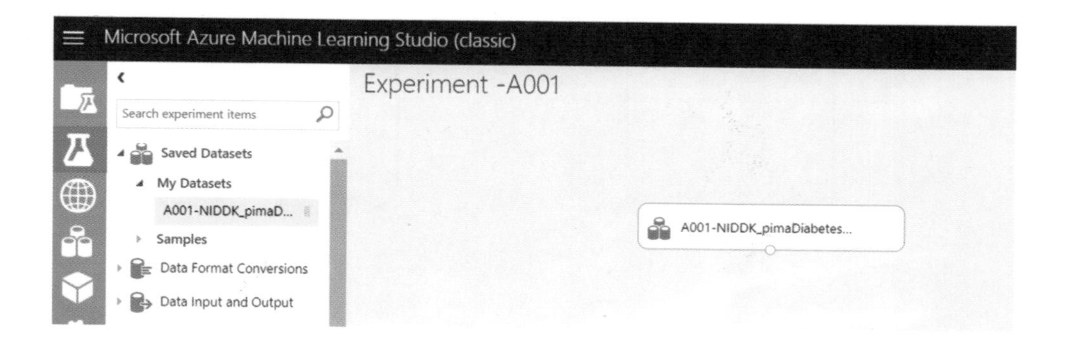

(選取變數)

步驟 10：在搜尋框中輸入「select」後，將「select Columns in Dataset」拖曳到畫板中資料集的下方，再將兩個連線後，點選右方的「Properties」欄位中的「Lunch column selector」，進入對話框。

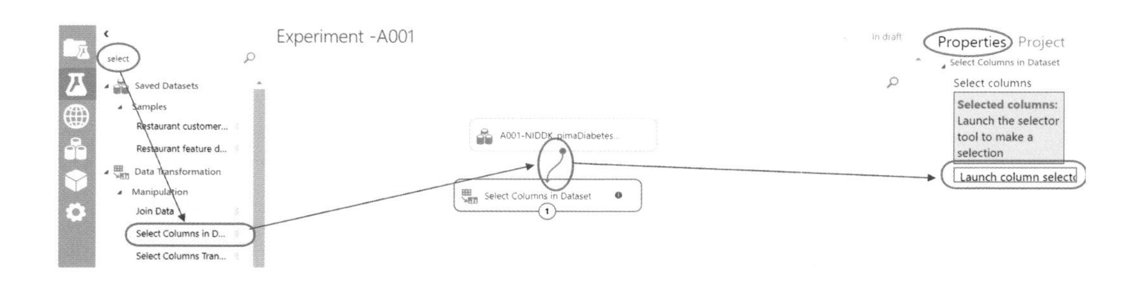

在對話框中，將左方「AVAILABLE COLUMNS」欄位的變數選至右方「SELECCTED COLUMNS」的欄位，再點右下方的勾勾。

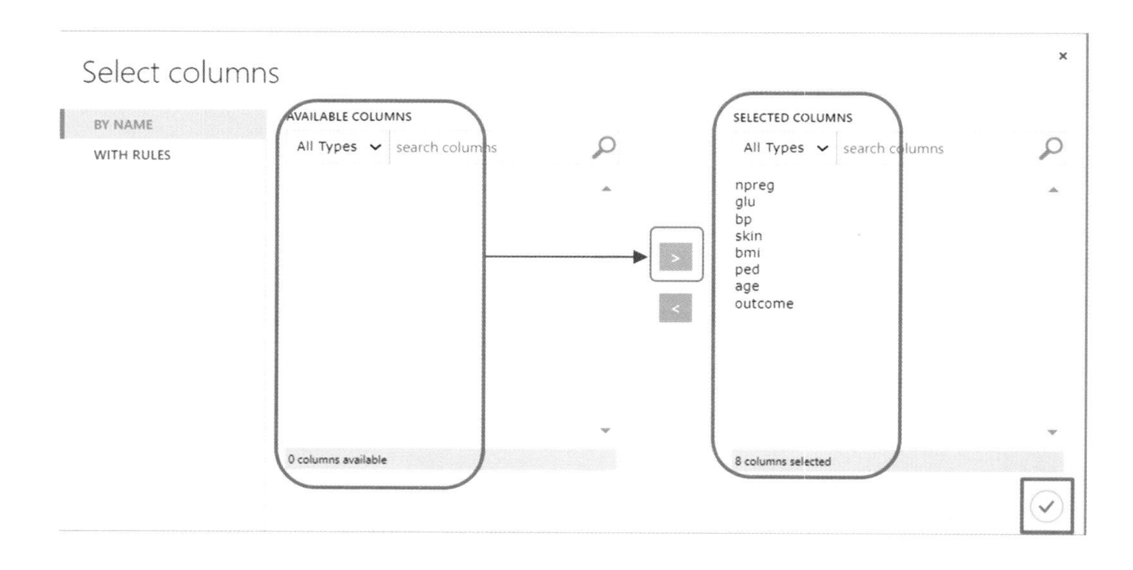

（隨機分組：訓練集與測試集）

步驟 11：在搜尋框中輸入「split」後，將「split Data」拖曳到畫板中的「select Columns in Dataset」下方，再將兩個連線後，點選右方的「Properties」欄位中的「Fraction of rows in the first…」下方的欄位數值修改為0.7（作為訓練集）。

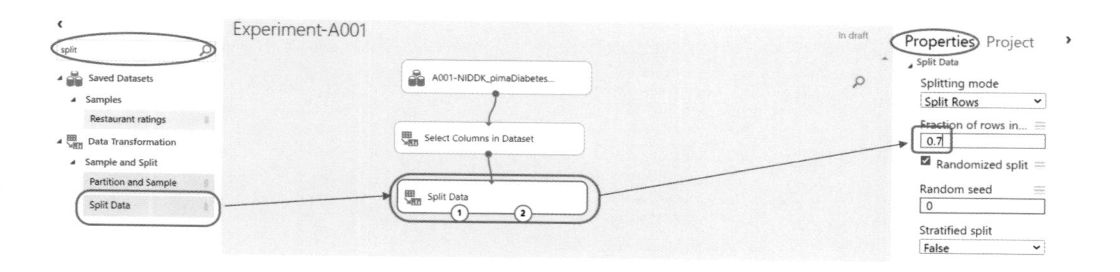

（設定訓練集所採用的演算法：本範例採用 Two-Class Decision Forest 演算法）

步驟 12：在搜尋框中輸入「train model」後，將「Train Model」拖曳到畫板中的「Split Data」下方，再將兩個連線（將 Split Data下方的 1（左）節點連至 Train Model 上方的（右）節點

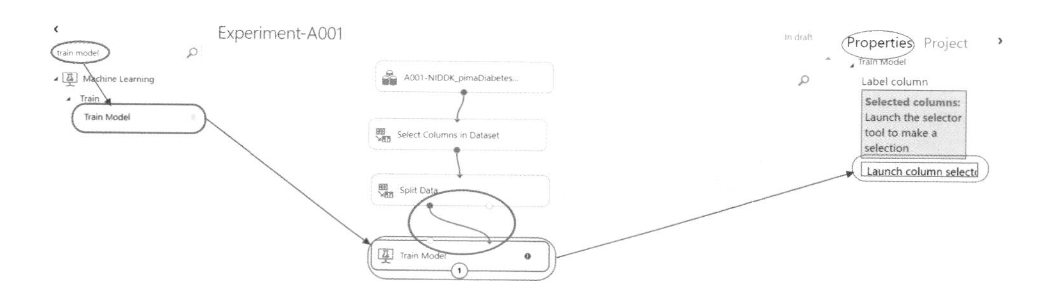

點選右方的「Properties」欄位中的「Launch column selector」進入對話框（如下圖），在最右方的空白欄位處點選滑鼠右鍵，再選擇「outcome」變數作為建模的目標變數，再點選右下方的勾勾確認。

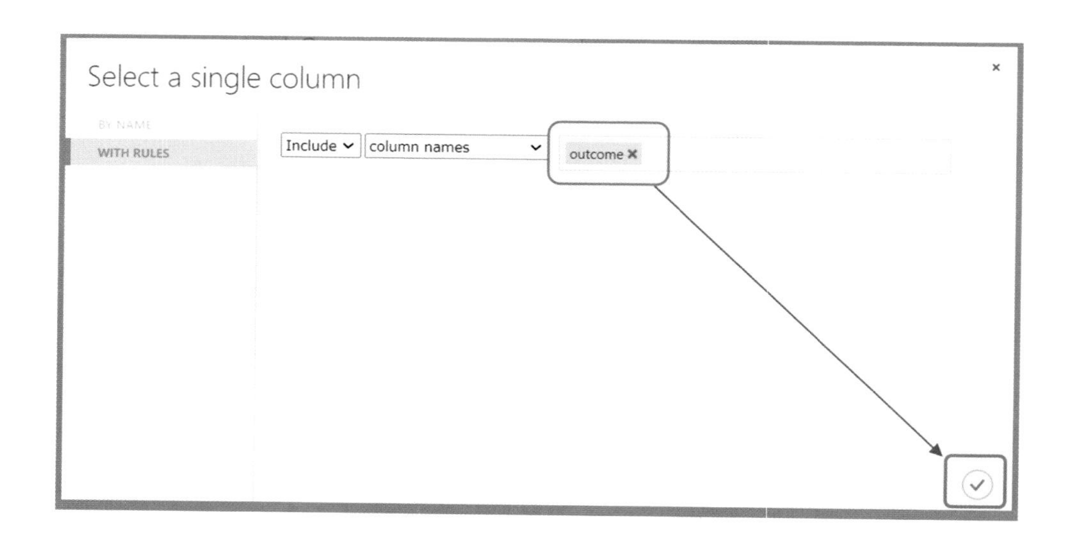

步驟 13：在搜尋框中輸入「two-class decision」後，將「Two-Class Decision Forest」拖曳到畫板中的「Split Data」左方，再與「Train Model」連線（將 Two-Class Decision Forest 下方的 1 節點連至 Train Model 上方的（左）節點。關於「Properties」欄位中的參數暫時不改變。

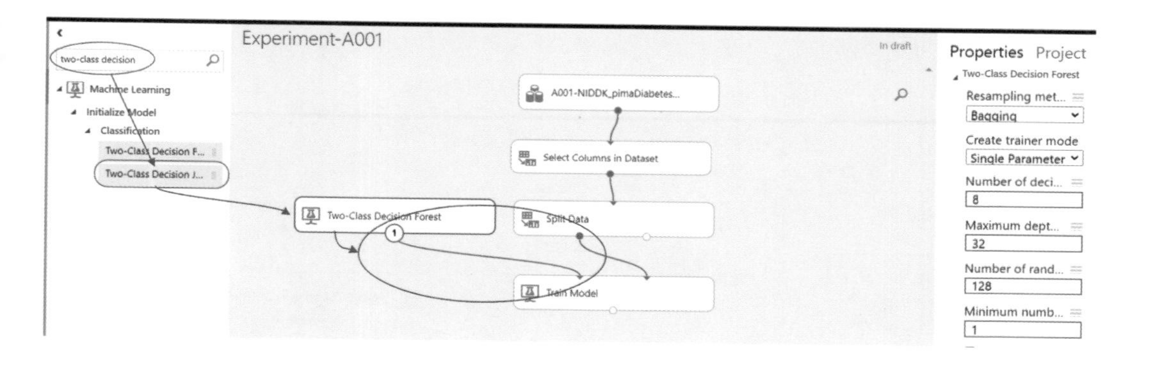

（採用測試集資料進行模型的預測結果）

步驟 14：在搜尋框中輸入「score model」後，將「Score Model」拖曳到畫板中的「Train Model」右下方，首先將「Train Model」下方的節點（輸出節點）連至「Score Model」上方的（左）節點（左輸入節點）、再將「Split Data」下方的（右）節點（右輸出節點）連接到「Score Model」上方的（右）節點（右輸入節點）。

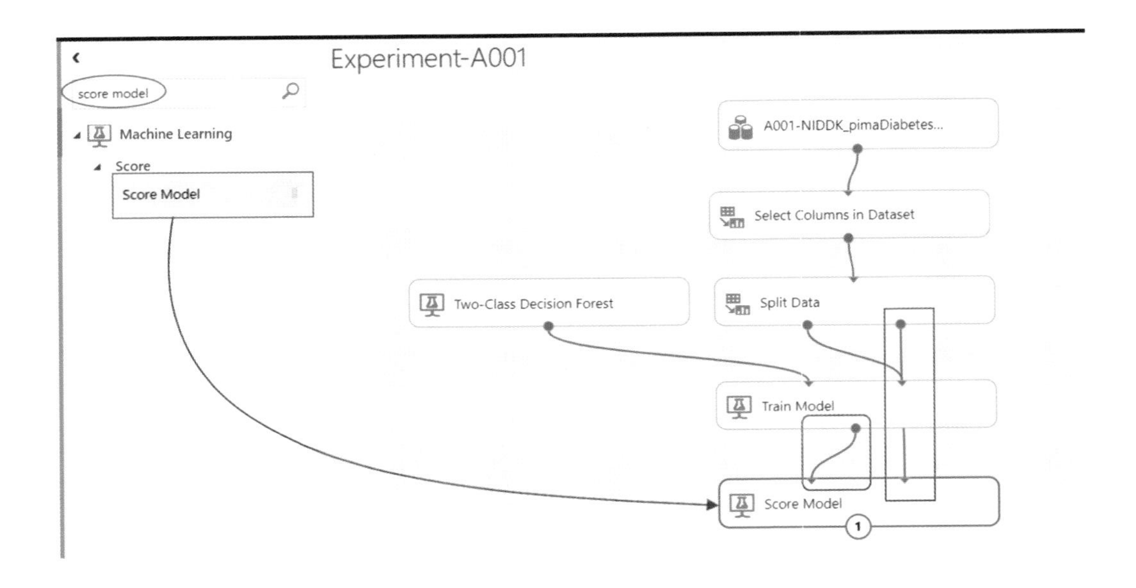

（建立評估機制：利用測試集所預測的資料進行評估模型）

步驟 15：在搜尋框中輸入「evaluated model」後，將「Evaluated Model」拖曳到畫板中的「Score Model」下方，首先將「Score Model」下方的節點（輸出節點）連至「Evaluated Model」上方的節點（輸入節點）即可。

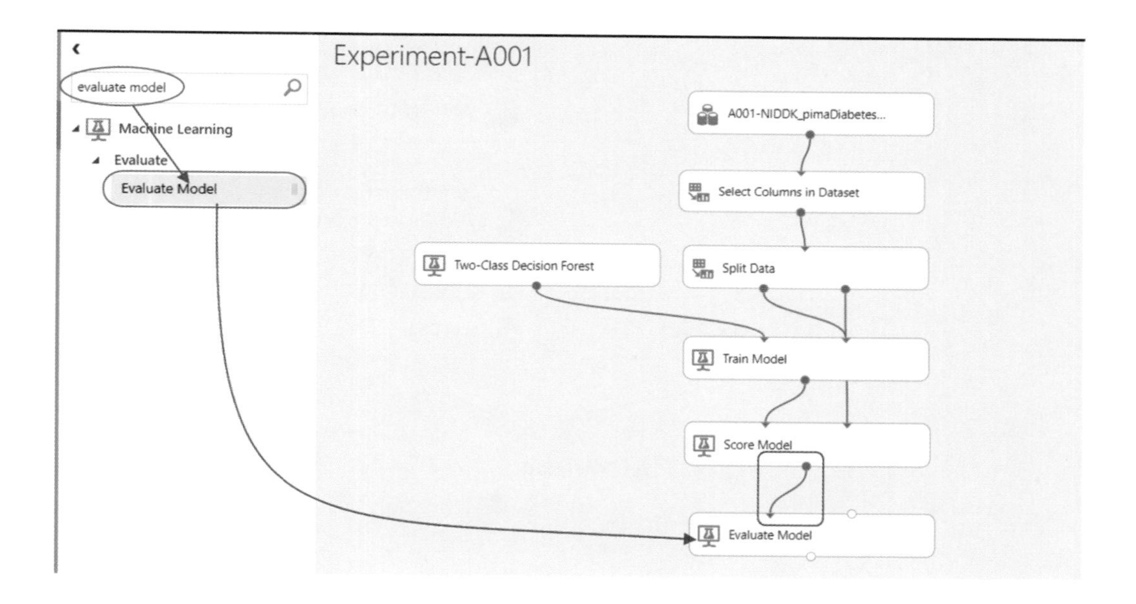

步驟 16：（執行建模）點選畫板下方的工具列中的「RUN」鍵，即可進行建模運算，直到每個框中都全部打勾，即為完成（若有錯誤產生，必須開始診斷修改）。

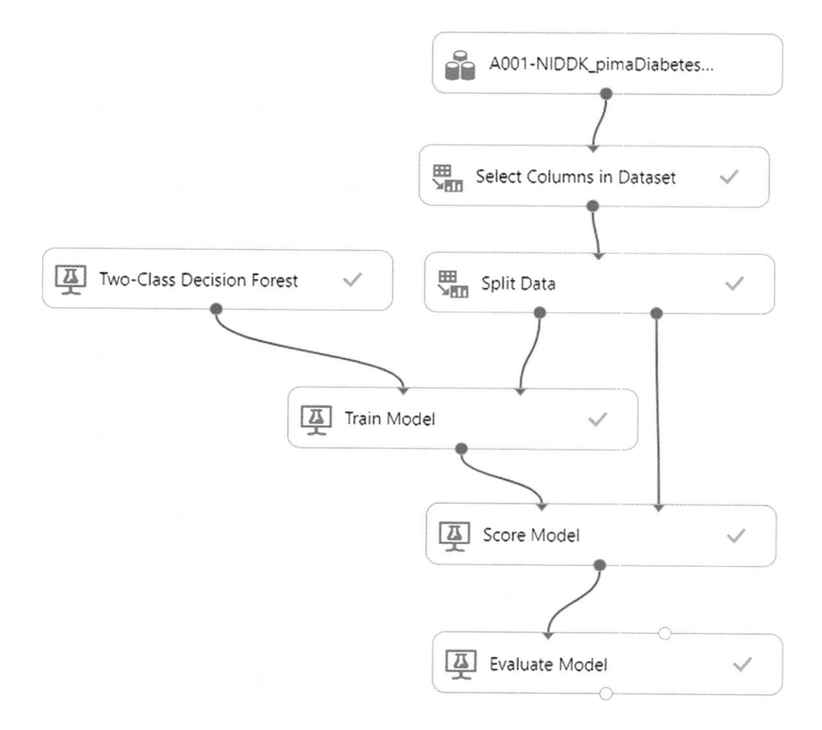

三、解讀報表

首先，我們來看經過 ML Studio 工具所建立的模型在哪？點選畫板中的「Two-Class Decision Forest」項目，確認一下右方的「Properties」欄位中，所設定的決策樹模型參數值，分別有：Resampling method（重複抽樣分法）、Number of decision trees（決策樹個數）、Maximum depth of the decision trees（決策樹的最大深度）、Number of random splits per node（每個決策樹節點的分支個數）、Minimum number of samples per leaf node（最後的葉節點樣本的個數）。

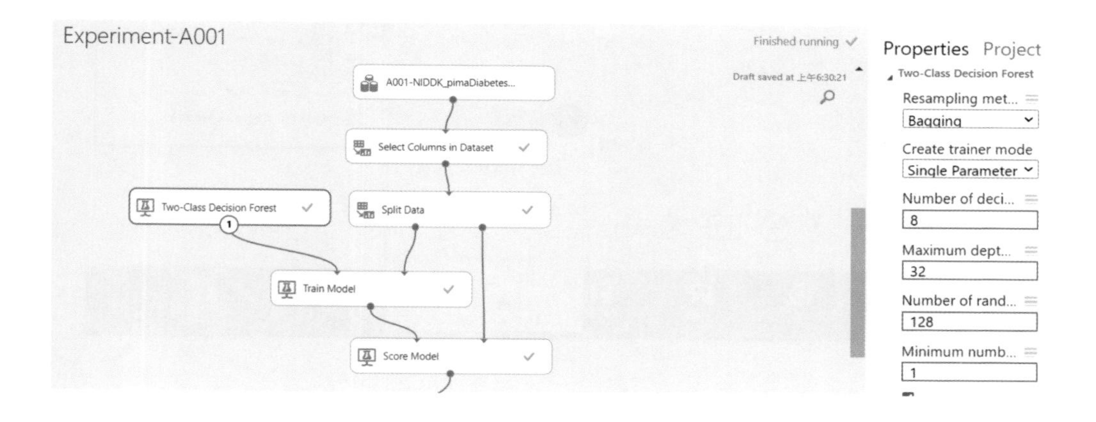

例如：「決策樹個數」設定為「8」個，你可以在畫板中的「Train Model」項目上點選滑鼠右鍵 → Trained model → Visualize 進入下面圖示，可以看到 ML Studio 利用訓練集資料，採用 Bagging 方法隨機重抽了共 8 組樣本，一共建了 8 個決策樹模型，各自模型還透過圖示來 show 給我們。

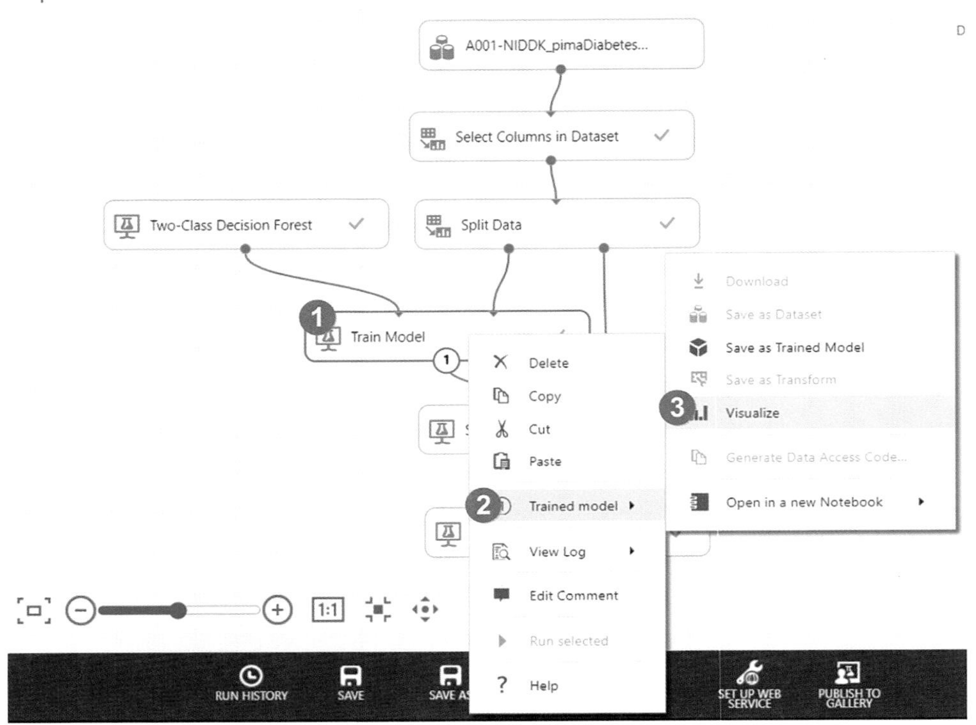
Experiment-A001
A001-NIDDK_pimaDiabetes...
Select Columns in Dataset
Two-Class Decision Forest
Split Data
Train Model
Delete
Copy
Cut
Paste
Trained model
View Log
Edit Comment
Run selected
Help
Download
Save as Dataset
Save as Trained Model
Save as Transform
Visualize
Generate Data Access Code...
Open in a new Notebook
RUN HISTORY
SAVE
SET UP WEB SERVICE
PUBLISH TO GALLERY

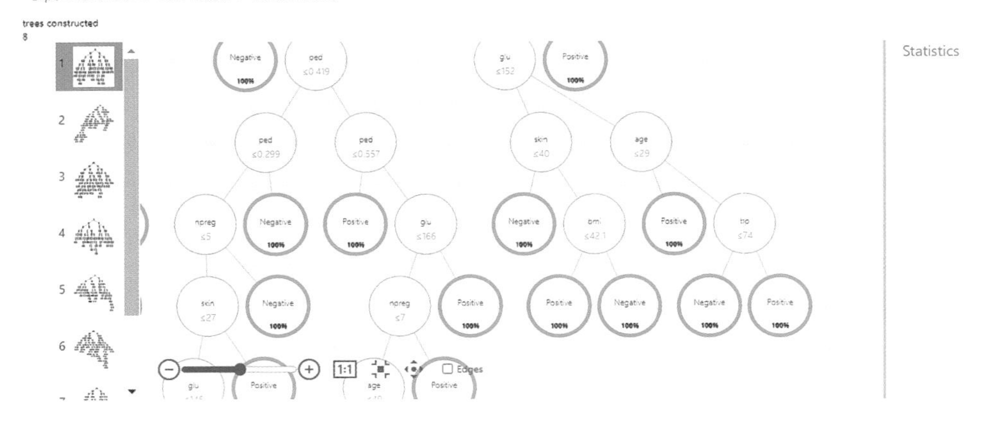
Experiment-A001 › Train Model › Trained model
trees constructed
8
Statistics
Edges

接下來，我們來看一下採用訓練集資料所訓練出來，這個具有 8 個決策樹的模型〔ML Studio 稱為決策森林模型，一般稱為隨機森林 (random forest)〕，再利用測試集資料回測，所得到的預測每個觀察樣本會得到糖尿病的機率值與預測結果。

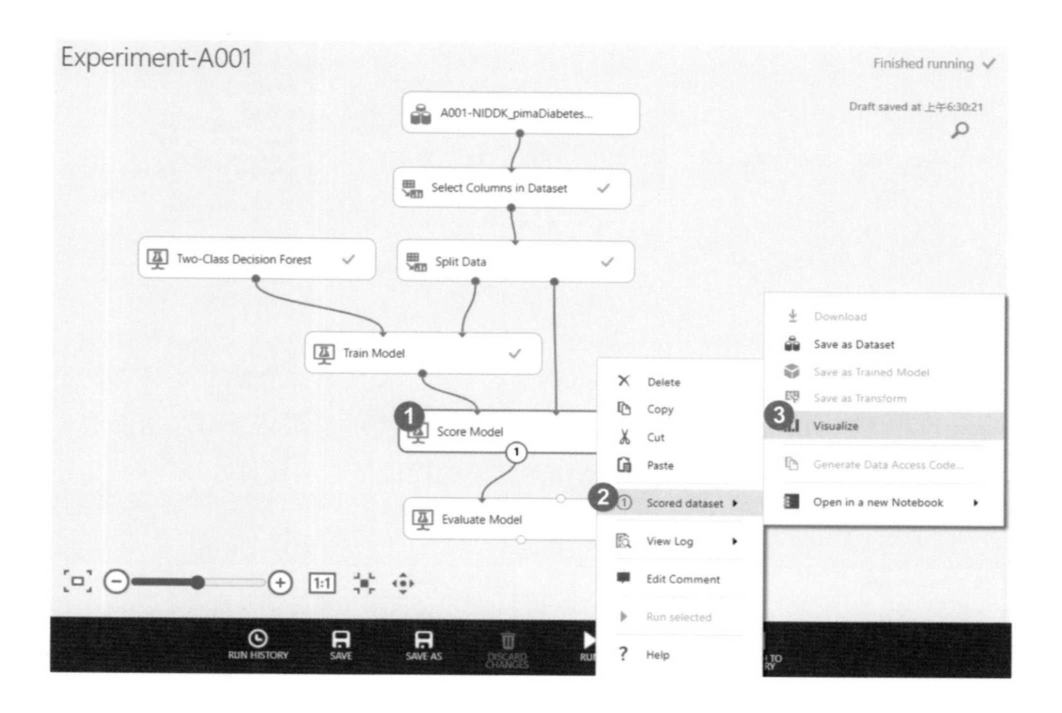

你可以在畫板中的「Score Model」項目上點選滑鼠右鍵 →Scored model → Scored dataset → Visualize 進入後，其中「Scored Probabilities」是預測有糖尿病的機率、「Scored Labels」就是預測結果。點選「Scored Labels」欄位，可以看到下面圖示：

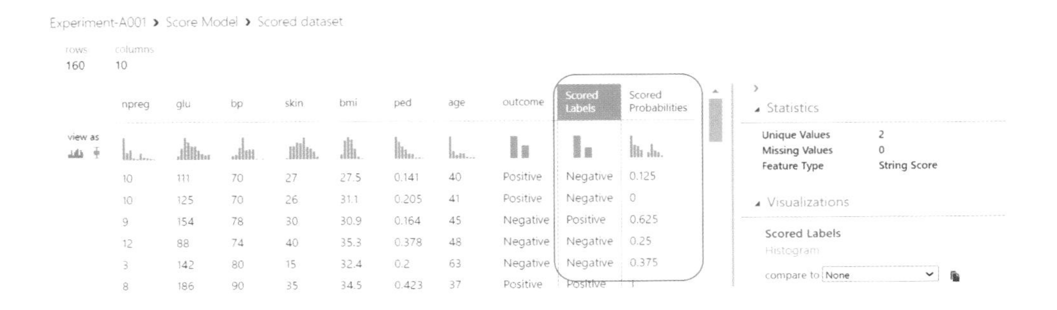

在 Statistics 欄位中的「Unique Values 2」：表示預測結果有兩種（其實就是 Negative 與 Positive）、「Missing Values 0」：表示預測結果梅以遺漏值、「Feature Type String Score」：表示預測結果的欄位是文字資料。

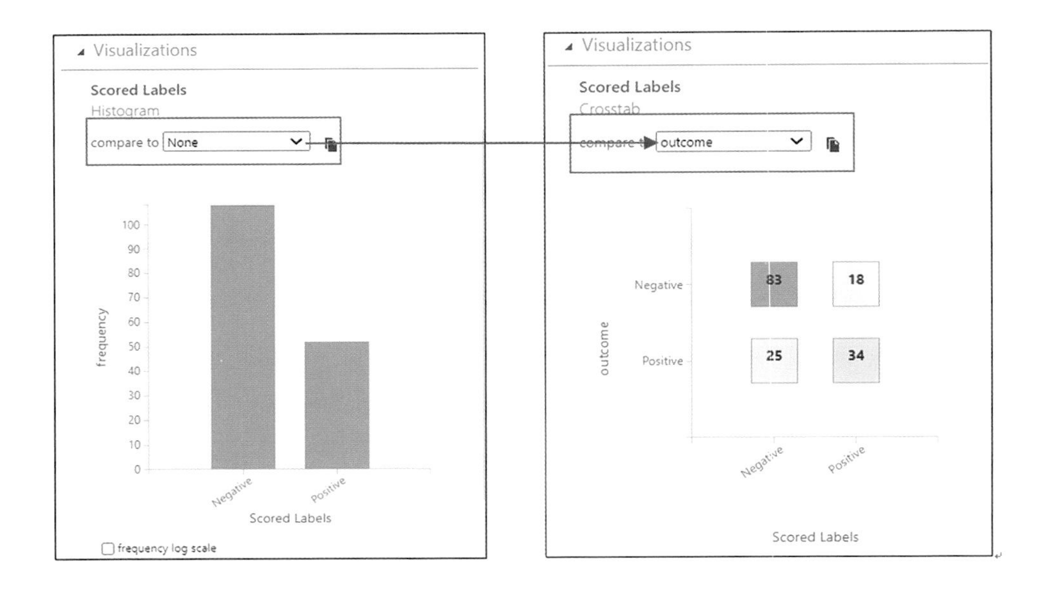

「Visualizations」中的 Histogram 為預測結果的人數直方圖（右圖）

可以將「compare to」下拉框改為 outcome，此時會產生一個矩陣圖（左圖），一般稱為混淆矩陣(confuse matrix)，Y 軸表示真正的結果、X 軸式表示模型預測出來的結果，所以有 83+34 預測正確、有 25+18 預測錯誤。

回到畫板，在「Evaluate Model」項目上點選滑鼠右鍵 →Evaluation results → Visualize 進入後，會得到模型評估的圖與指標。

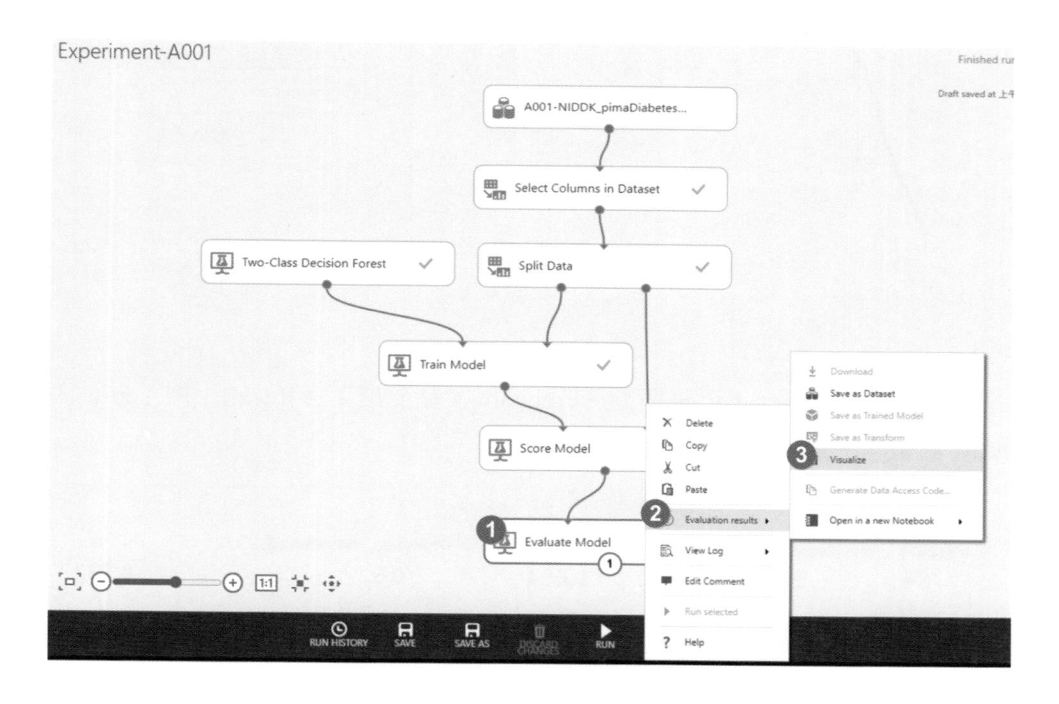

ROC圖（線越靠近左上方表示模型越好）

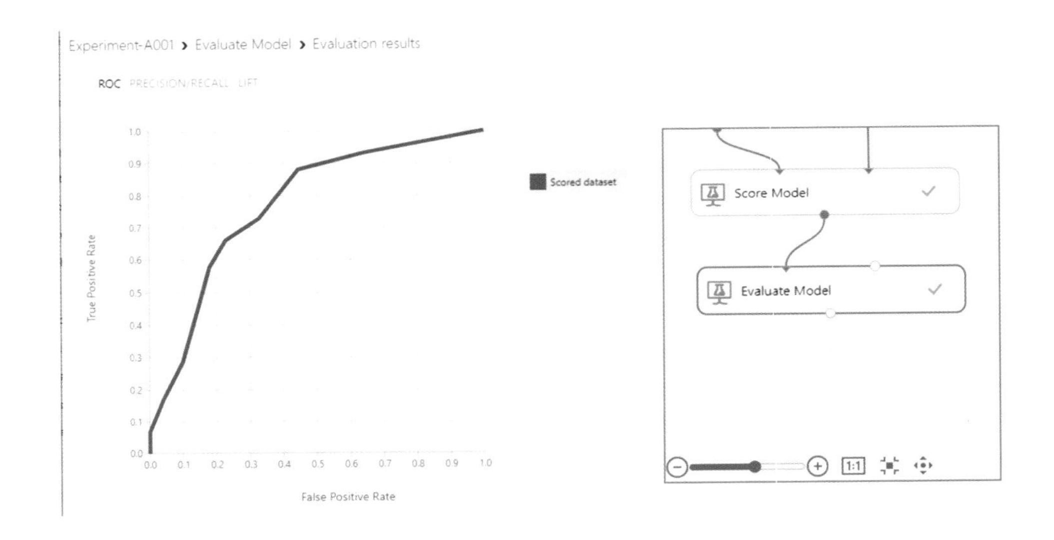

評估指標：Accuracy（正確率）、Precision（精確度）、Recall、F1 score 與 AUC 都是越接近 1 表示模型越好。

True Positive	False Negative	Accuracy	Precision	Threshold	AUC
34	25	0.731	0.654	0.5	0.772
False Positive	True Negative	Recall	F1 Score		
18	83	0.576	0.613		
Positive Label	Negative Label				
Positive	Negative				

上面是建模時的決策樹個數為 8，若改變為 100 時，所得要的評估指標如下：

True Positive	False Negative	Accuracy	Precision	Threshold	AUC
32	27	0.744	0.696	0.5	0.824
False Positive	True Negative	Recall	F1 Score		
14	87	0.542	0.610		
Positive Label	Negative Label				
Positive	Negative				

各種機器學習的演算法，都可以透過調整建模參數讓模型優化，因此了解模型的評估指標意義是非常重要的，待資料科學家把模型優化到可以接受時，就可以進行下面佈署與使用的步驟。

四、上線佈署模型與使用

點選畫板下方的工具列：「Set Up Web Service」→「Predictive Web Service」

ML Studio 會開進行佈署流程，會在畫板中增加兩個項目「Web Service Input」與「Web Service Output」，並且把「Evaluate Model」的項目移除，讓使用人可以根據模型作預測。

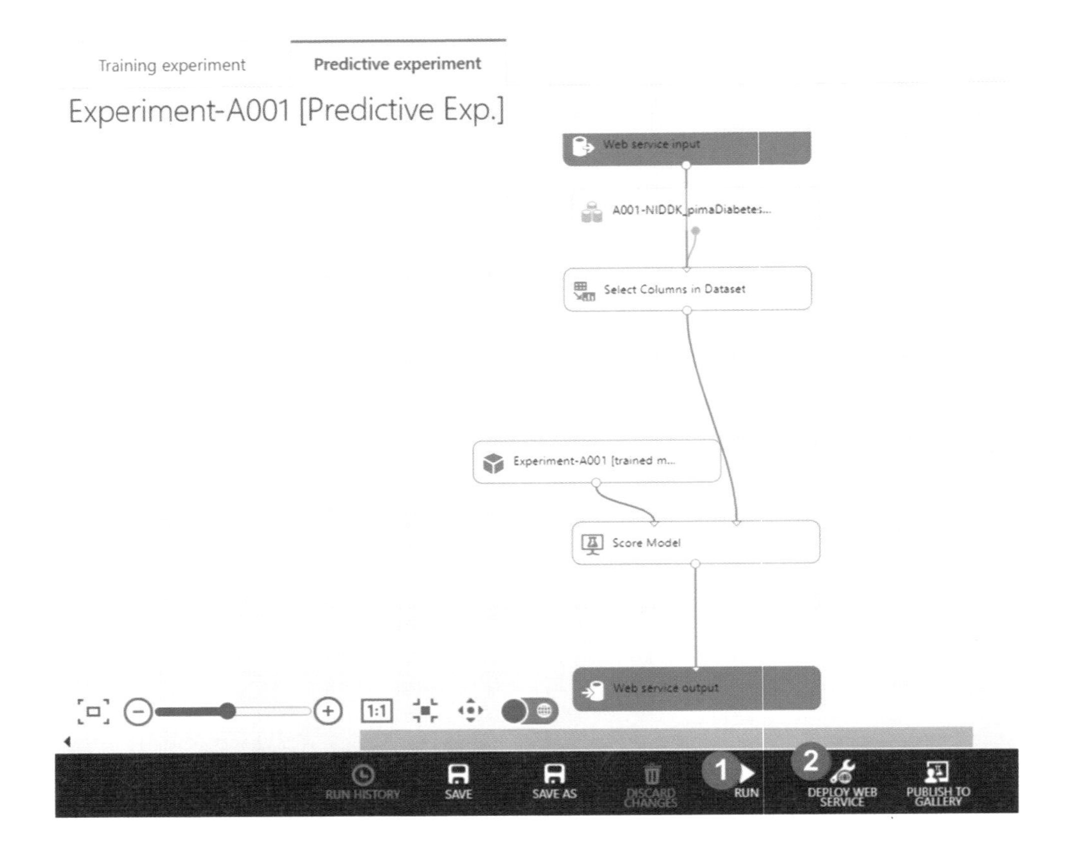

接下來點選畫板下方工具列的「RUN」，完成後再點選「DEPLOY WEB SERVICE」，佈署完成後會進入下面頁面：

ML Stusio 提供兩種預測的輸入方式：Request/Response（單筆輸入）、Batch（批次檔輸入），如下圖所示，我們先來執行單筆輸入預測，點選「Test preview」。

點選後，會進入下面頁面

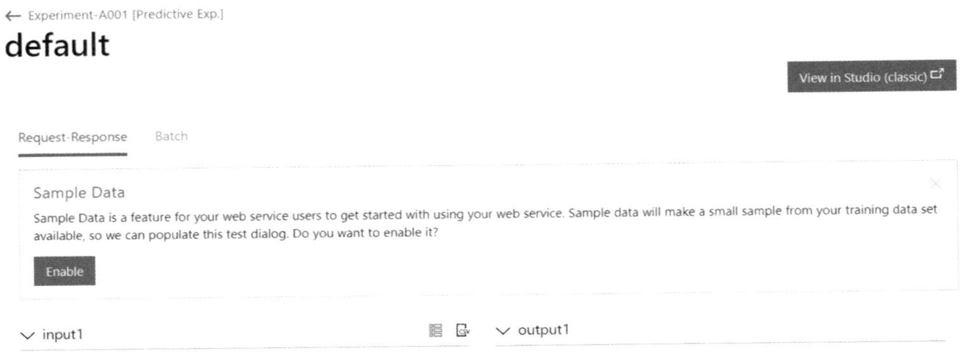

← Experiment-A001 [Predictive Exp.]

default

View in Studio (classic)

Request-Response Batch

Sample Data

Sample Data is a feature for your web service users to get started with using your web service. Sample data will make a small sample from your training data set available, so we can populate this test dialog. Do you want to enable it?

Enable

input1 output1

如果你沒有想預測的資料，可以點選「Enable」鍵讓系統幫你產生模擬的預測資料，若你有自己想預測的資料，在 input1 下方的各個變數空白欄位輸入資料。我們想預測的問題：

若已知有位 Pima Indian 25 歲的女性資料如下:

npreg=2、glu=120、bp=90、skin=35、bmi=28、ped=1.252

請您判斷此人是否有得到糖尿病？

因此，我們在 input1 下方的各個變數空白欄位輸入資料如下：

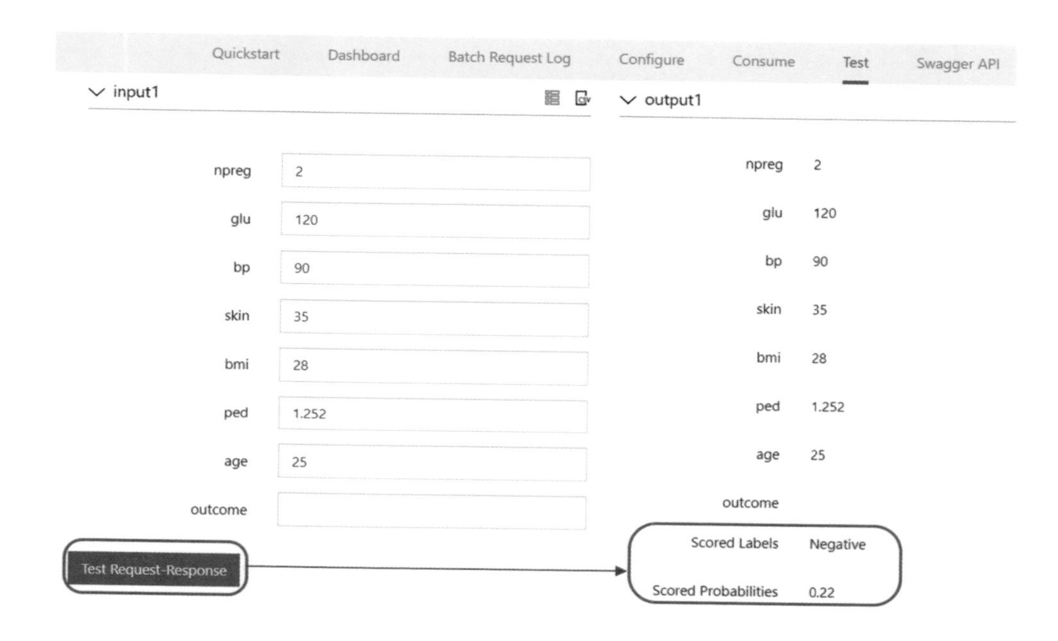

點選 Test Request-Response 後，得到結果如上圖，表示 該位 25 歲的 Pima 印地安女性得到糖尿病的機率為 0.22（你執行結果並不會一樣，因為模型為隨機抽取資料）、故使用此模型預測結果為：不會得到糖尿病 (Negative)。

2-5 機器學習的方法

機器學習的建模方法，依據專案目的不同、資料型態的差異，採用的演算法則可能會有不同的選擇，也不見得只有一種方法。本章節按照比較常見的演算法說明，監督式學習演算法：

- 決策樹演算法
- 線性迴歸演算法
- 邏輯斯迴歸演算法
- 類神經網路演算法

非監督式學習演算法：

- 集群分析-階層法
- 集群分析-K 平均法
- 關聯法則

一、決策樹演算法 (decision tree algorithm)

決策樹演算法適合利用一組特徵(features) 變數 (X_1、X_2、…、X_k) 來預測一個標籤變數 (Y) 的建模方法，其中標籤變數 (Y) 可以是類別型態資料、也可以是連續型態資料，特徵變數 (X_1、X_2、…、X_k) 也是類別型態、連續型態資料皆能夠建模。

決策樹的模型是透過特徵變數 (X_1、X_2、…、X_k) 建立樹狀圖來預測標籤變數 (Y)，因此，當標籤變數 (Y) 為類別型態資料時，稱此模型為「分類樹 (classification tree)」；當標籤變數 (Y) 為連續型態資料時，稱此模型為「迴歸樹 (regression tree)」。

決策樹模型分為根部節點 (root node)為所有訓練集資料的起點、中間節點 (internal node) 是根據分支準則，找出重要的特徵變數 (X_i) 屬性作為上一層資料進入下一層資料的依據、葉節點 (leaf node) 是最終層的節點，也是標籤變數 (Y) 的結果。

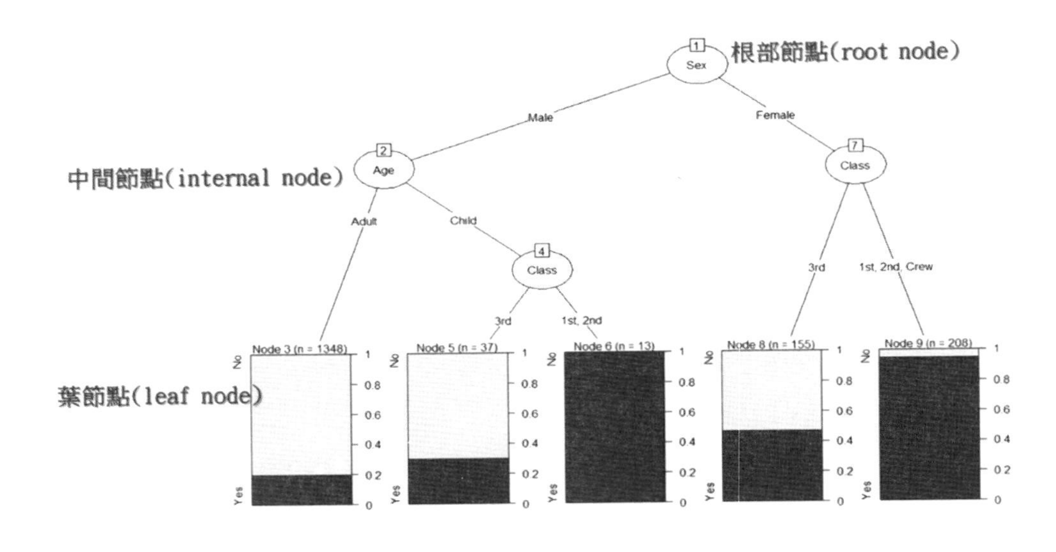

由於不同學者提出分之準則：Quinlan 以 Shannon (1949) 的資訊理論 (Information theory) 熵 (entropy) 為基礎，分別提出 ID3 決策樹演算法 (1979)[1] 與 C4.5 決策樹演算法 (1993)[2]，另有 C5.0 為 C4.5 的商業改良版。當標籤變數 (Y) 為連續型屬性的變數時，則無法採用熵 (entropy) 作為分支準則，應採用變異數遞減量 (variance reduction) 作為分支的依據。Breiman et al., (1984) 以 Gini 係數為基礎，提出 CART 演算法。Kass (1980) 以卡方獨立性檢定的統計量作為衡量資訊量的變化，提出 CHAID 演算法。

演算法			C4.5/C5.0	CART	CHAID
特徵變數 (Xi) 型態			類別、連續	類別、連續	類別
連續型分支處理方法			多分	二分	無法處理
分支準則	標籤變數 (Y)	類別型	資訊增益比	Gini 係數	卡方值
		連續型	變異數遞減	變異數遞減	無法處理
	特徵變數 (Xi)	類別型	多元分支	二分分支	多元分支
		連續型	二元分支	二元分支	無法處理
修剪方法			考量錯誤率	考量成本複雜性	不用修剪

二、線性迴歸演算法 (linear regression algorithm)

線性迴歸演算法適合利用一組特徵 (features) 變數 (X_1、X_2、…、X_k) 來預測一個標籤變數 (Y) 的建模方法，其中標籤變數 (Y) 必須是連續型態資料，特徵變數 (X_1、X_2、…、X_k) 則不限制，是類別型態資料、或是連續型態資料皆能夠建模。

線性迴歸的模型是透過特徵變數 (X_1、X_2、…、X_k) 為標籤變數 (Y) 的線性組合的數學模式：

1 Quinlan, J. R.：“Discovering Rules by Induction from Large Collections of Examples.” in D. Mitchie(ed.), Expert Systems in The Microelectronic Age, pp. 168-201,1979

2 Quinlan, J. R. C4.5: Programs for Machine Learning. Morgan Kaufmann Publishers, 1993.

$$Y_i = \beta_0 + \beta_1 X_{i1} + \beta_2 X_{i2} + ... + \beta_k X_{ik} + \varepsilon_i \ , \ i = 1, 2, ..., n$$

其中， 稱為該模型的迴歸參數。

ε_i 為該模型的誤差變數，統計理論假設服從為一常態分配。

線性迴歸演算法在建模時，採用最小平方法 (least square method) 透過訓練集資料，學習訓練出一組迴歸參數，使得誤差（事實上是殘差）平方和達到最小。

若特徵變數 (X_i) 為類別變數資料時，應轉換為虛擬變數 (dummy variable)，例如：特徵變數 (X6) 為就讀學院（假設有 4 個學院：A,B,C,D），則需要有 3 個虛擬變數：X6=A 學院，轉換為 D_1=1、D_2=0、D_3=0；X6=B 學院，轉換為 D_1=0、D_2=1、D_3=0；X6=C 學院，轉換為 D_1=0、D_3=0、D_3=1；X6=D 學院，轉換為 D_1=0、D_2=0、D_3=0。

三、邏輯斯迴歸演算法 (logistic regression algorithm)

邏輯斯迴歸演算法適合利用一組特徵 (features) 變數 (X_1、X_2、⋯、X_k) 來預測一個標籤變數 (Y) 的建模方法，其中標籤變數 (Y) 必須是類別型態資料，特徵變數 (X_1、X_2、⋯、X_k) 則不限制，是類別型態資料、或是連續型態資料皆能夠建模。

邏輯斯迴歸的模型是透過特徵變數 (X_1、X_2、⋯、X_k) 為標籤變數 (Y) 的線性組合後再進行一個邏輯斯函數的數學模式，若標籤變數 (Y) 是一個二元分類變數，先令 Y=1（通常是模型中有興趣預測的類別）、Y=0（是另外的一個類別），假設發生 Y=1 的機率為 p（即 p=P (Y=1)），則數學模型為：

$$\log\left(\frac{p}{1-p}\right) = \beta_0 + \beta_1 X_1 + \cdots + \beta_k X_k \text{，}$$

也可以寫成：$\mathrm{p} = \mathrm{P}(\mathrm{Y} = 1) = \frac{1}{1+\exp-(\beta_0+\beta_1 X_1+\cdots+\beta_k X_k)}$

此模型一般稱為二元邏輯斯迴歸模型 (binary logistic regression model)，此數學函數：$\mathrm{f(x)} = \frac{1}{1+\exp(-x)}$，在機器學習領域中又被稱為 sigmoid 函數，f(x)

的值域一定落在 [0,1] 之間，該函數的圖形為 S 曲線。

若標籤變數 (Y) 是一個多元分類變數（假設有 c 類），則可令 Y=j, j=1,2,⋯,c，且假設發生 Y=j 的機率為 p_j（即 p_j=P(Y=j)）, j=1,2,⋯,c-1，則此模型的數學模式為：

$$\log\left(\frac{p_j}{1-p_j}\right)=\beta_{0j}+\beta_{1j}X_1+\cdots+\beta_{kj}X_k, j=1,2,\ldots,c-1$$

可以寫成：$p_j=\mathrm{P}(\mathrm{Y}=1)=\frac{1}{1+\exp-(\beta_{0j}+\beta_{1j}X_1+\cdots+\beta_{kj}X_k)}, j=1,2,\ldots,c-1$

此模型一般稱為多元邏輯斯迴歸模型 (multinomial logistic regression model)，此數學函數：$\mathrm{f}(X_i)=\frac{\exp(-X_i)}{\sum_{j=1}^{c}\exp(-X_j)}, \mathrm{i}=1,2,\ldots,\mathrm{c}$，在機器學習領域中又被稱為 softmax 函數。

關於邏輯斯迴歸模型的建模方法，若透過統計學理論，會採用最大概率法 (maximum likelihood method)，利用訓練集資料來找到一組參數值，使得讓概率達到最大。

四、類神經網路演算法 (neural network algorithm)

類神經網路的相關研究與其應用範圍在近年來發展極為迅速，其應用之領域包括工業工程、商業與金融、社會科學及科學技術等。其最大優點除了在於可應用於建構非線性模式外，對於傳統統計方法在建構模式時所要求的許多假設條件亦可予以彌補。類神經網路的原始想法與基本構造皆與神經生物學中的神經元構造相似。根據 Freeman (1992) 的定義，類神經網路是模仿生物神經網路的資訊處理系統，透過使用大量簡單連接的人工神經元來模仿生物神經網路的能力。而在一個網路模型中，一個人工神經元將從外界環境或其他人工神經元取得資訊，依據資訊的相對重要程度給予不同的權重，並予以加總後再經由人工神經元中的數學函數轉換，並輸出其結果到外界環境或其他人工神經元當中。其運作概念可整理如圖 2 -1：

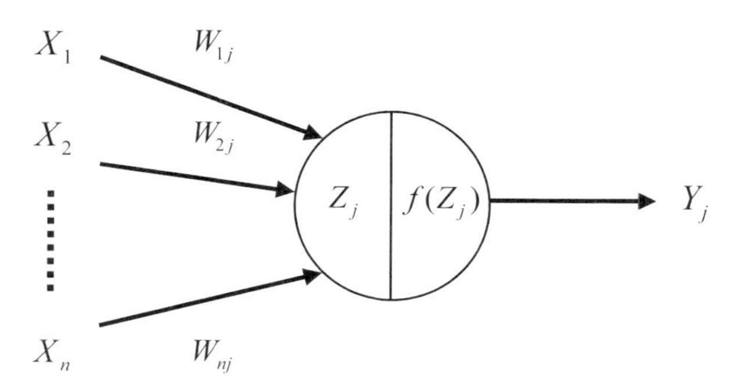

圖 2-1 類神經網路運作概念

- X_n：稱為神經元的輸入 (input)。
- W_{nj}：稱為鍵結值 (weights)，類神經網路的訓練就是在調整鍵結值，使其變得更大或是更小，通常由隨機的方式產生介於 +1 到 −1 之間的初始值。鍵結值可視為一種加權效果，其值越大，則代表連結的神經元更容易被激發，對類神經網路的影響也更大；反之，則代表對類神經網路並無太大的影響，而太小的鍵結值通常可以移除以節省電腦計算的時間與空間。
- Z_j：稱為加法單元 (summation)，此部分是將每一個輸入與鍵結值相乘後做一加總的動作。
- $f(Z_j)$：稱之為活化函數 (activation function)，通常是非線性函數，有數種不同的型式，其目的是將 Z 的值做映射得到所需要的輸出。
- Y_j：稱之為輸出 (output)，亦即我們所需要的結果。

將上述的神經元組合起來就成為一個類神經網路。目前為止，許多的學者針對欲解決問題的不同，提出許多的類神經網路模型，每一種類神經網路的演算法並不相同。常見的網路有：倒傳遞網路、霍普菲爾網路、半徑式函數網路，這些類神經網路並非適用所有的問題，我們必須針對欲解決問題的不同選擇適當的類神經網路。要使得類神經網路能正確的運作，則必須透過訓練的方式，讓類神經網路反覆的學習，直到對於每個輸入都能正確對應到所需要的輸出，因此在類神經網路學習前，我們必須分割出一個訓練樣本，使類神經網路在學習的過程中有一個參考，訓練樣本的建立來自於實際系統輸入與輸出或是以往的經驗。類神經網路的工作性能與訓練樣本有直接的關係，若訓練樣本不正確、太少或是太相似，類神經網路的工作區間與能力將大打折扣。換句話說，訓練樣本就是類神經網路的老師，因此，訓練樣本越多、越正確、差異性越大，類神經網路的能力就越強。

類神經網路訓練的目的，就是讓類神經網路的輸出越接近目標值。亦即，相同的輸入進入到系統與類神經網路，得到的輸出值亦要相同。類神經網路未訓練前，其輸出是凌亂的，隨著訓練次數的增加，類神經網路的鍵結值會逐漸的被調整，使得目標值與神經網路的輸出兩者誤差越來越小。

學習率在類神經網路的訓練過程中是一個非常重要的參數，學習率影響著類神經網路收斂的速度，若學習率選擇較大則類神經網路收斂的速度將變得較快，反之，較小的學習率會使得類神經網路的收斂速度變慢。選擇太大或太小的學習率對類神經網路的訓練都有不良的影響。

當類神經網路經由訓練樣本訓練完成後，雖然類神經網路的輸出已經與我們所要求的數值接近，但對於不是由訓練樣本所產生的輸入，我們並不知道會得到何種輸出。因此，我們必須使用另一組類神經網路從未見過樣本進入到類神經網路中，測試其正確性，測試其結果是否與所要求的值接近，而此樣本則稱之為測試樣本。當類神經網路訓練完成後，對於與訓練樣本相近的輸入，類神經網路亦能給予一個合理的輸出，但是如果測試樣本與訓練樣本的差異過大，類神經網路仍是無法給予正確的數值，則表示該模型無法實際有效被應用。

五、集群分析 (cluster analysis)

集群分析是一種分類的方法，目的在將相似的事物歸類。可以將變數分類，但更多的應用是透過顧客特性做分類，使同類中的事物相對於某些變數來說是相同的、相似的或是同質的；而類與類之間確有著顯著的差異或是異質性。集群分析主要是在檢驗某種相互依存關係，主要是顧客間特性的相似或是差異關係；透過將顧客特性進一步分割成若干類別而達到市場區隔之目的。

在該方法中，所有顧客所屬之分類，是事前未知的；所分隔的類別個數也是未知的。通常為了得到比較合理的分類，首先必須採用適當的指標來定量地描述研究物件之間的同質性。常用的指標為「距離」和「相似係數」。假定研究物件均用所謂的「點」來表示。在集群分析中，一般的規則是將「距離」較小的點或是「相似係數」較大的點歸為同一類，將「距離」較大或是「相似係數」較小的點歸為不同的類別。

若用 X 與 Y 表示 s 空間中的兩個點，如果是對變數集群，那麼 X 和 Y 分別表示兩個變數，其維數 s 就是樣本量 n；如果是對樣本做集群，則 X 和 Y 分別表示兩個個體，維數 s 就是集群變數的個數 k。

而常用的距離指標為歐氏距離 (Euclidean distance)

$$D(X,Y)=\sqrt{\sum_i (X_i-Y_i)^2},\ i=1,2,...,s$$

而常用的相似係數指標為：

餘弦係數 (cosine)

$$S(X,Y)=(\sum_i X_iY_i)\Big/\sqrt{(\sum X_i^2)(\sum Y_i^2)},\ i=1,2,...,s$$

皮爾森相關係數 (Pearson correlation)

$$S(X,Y)=\sum_i Z_{xi}Z_{yi}\Big/(s-1),\ i=1,2,...,s$$

其中 Z_{xi} 和 Z_{yi} 表示 X 和 Y 的標準分數。

而常用的集群分析方法分為兩大類，階層式集群法 (hierarchical clustering) 和非階層式集群法 (non-hierarchical clustering)，其中階層式集群法又稱系統集群法，是一種其集群過程可以利用所謂的階層式結構或是樹狀結構來描繪的方式。具體又可以分為聚集法 (agglomerative clustering) 和分割法 (divisive clustering) 兩種。聚集法是先將所有的資料各自算成一類，將彼此間距離最小或是相似係數最大的資料合併成一群，再將這群和其他群中距離最小或是相似係數最大的合併，持續合併，直到所有的資料皆合併為一群為止。分割法正好相反，先將所有的資料看成一大群，然後分割成兩類，使一群中的資料點盡可能遠離另外一群，再繼續分割，直到每一資料皆成為單一群體為止。

而常用的聚集法有：

連接法 (linkage methods)：連接法式最常用的聚集法，根據事先定義的群與群之間的距離之計算法則，將各個群逐步合併。由於集群間距離的定義不同，連接法有可以分為三種：

- 單一連接法 (single linkage)：也叫做最短距離法或是最近緊鄰連接法，兩個群之間的距離定義為是分別來自兩群中的元素之間的最短距離，並依此群間距離選擇最靠近的群來合併。
- 完全連接法 (complete linkage)：也叫做最長距離法或是最遠緊鄰連接法，兩個群之間的距離定義為是分別來自兩群中的元素之間最長的距離，並依此群間距離選擇最靠近的群來合併。
- 平均連接法 (average linkage)：也叫華德法 (Ward's procedure)，其分群想法與變異數分析類似。即在分群的過程中，使群內元素間的變異平方和盡可能小，而群間的變異平方和盡可能大。
- 重心法 (centroid method)：兩個群之間的距離定義為該兩群的重心間的距離，然後與連接法類似，將群逐步合併。

而非階層式集群法，亦稱為逐步集群法、k-means 集群法或是快速集群法，該類型的集群法又可以分成序列門檻法 (sequential threshold method)、平行門檻法 (parallel threshold method) 以及最佳分離法 (optimizing partitioning method)，其中序列門檻法事先規定一個門檻值，選取一個中心點，將與該中心點的距離在門檻值之內的所有點都歸入同一群；然後再選取一個中心，對還沒有歸類的點重複該過程，直到所有點都歸入某一群為止；而平行門檻法與序列門檻法類似，所不同的只是所有的聚類中心是同時選取的，將門檻範圍之內的點歸到離中心最近的那一群；而最佳分離法則是允許重新分配已歸類的點到其他群別內，已使總體的分類標準達到最佳化。分類標準可以事先規定，例如取群內距離的平均等。

六、關聯法則 (association rule)

關聯法則可以用以發現在大量資料中變數間的關聯性。隨著大量資料不停地收集和儲存。從大量商業交易的紀錄中發現有趣的關聯關係，可以幫助許多商業決策的制定，如商品組合設計、交叉銷售等。

關聯法則中最典型的一個例子，就是購物籃分析。該方法透過紀錄顧客放入其購物籃中不同產品之間的關係，分析顧客的購買特性。了解哪些商品被顧客同時購買的機率高低，透過此關聯的發現，可以協助零售商擬定產品組合之行銷策略。例如，在同一次去超級市場，如果顧客購買牛奶，也同時購買麵包的可能性有多大？透過幫助零售商有選擇地規劃商品的擺設地點和促銷組合，藉由此方式來引導銷售，提升其商品取得便利性，進一步提升其銷售量。

精選相關 YOUTUBE 影片

機器學習算法集錦，非常全了！

https://kknews.cc/zh-tw/news/ 4qmlrzg.html

機器学习新手必看十大算法

https://www.jiqizhixin.com/articles/a-tour-of-the-top-10-algorithms-for-machine-learning-newbies

機器學習十大算法

https://bigdatafinance.tw/index.php/tech/564-2018-03-28-09-55-07

速記 AI 課程－機器學習與演算法概論 (一)

https://medium.com/@baubibi/%E9%80%9F%E8%A8%98ai%E8%

AA%B2%E7%A8%8B-%E6%A9%9F%E5%99%A8%E5%AD%B8%E7%BF%92%E8%88%87%E6%BC%94%E7%AE%97%E6%B3%95%E6%A6%82%E8%AB%96-%E4%B8%80-41f9e18aedae

初學者碰上「機器學習」的第一道關卡：我應該使用哪種算法？
https://buzzorange.com/techorange/2017/05/25/which-method-in-ai/

2-6 深度學習

一、深度學習簡介

深度神經網路 (Deep Neural Networks，DNN) 也多被稱為深度學習，是人工智慧 (Artificial Intelligence，AI) 領域重要的一條分支，根據人工智慧之父 John McCarthy 的定義：人工智慧是創造像人一樣的智慧機械的科學工程。Arthur Samuel 在 1959 年定義機器學習為：讓電腦擁有不需要明確程式設計即可學習的能力。理想中的一個機器學習演算法，只需通過訓練，就可以解決某一領域中每一個新問題，而不是對每個新問題特定地進行算法設計。

DNN 亦是機器學習演算法中的一環，其基本程式設計理念終究是學習。DNN 的學習著重在確定神經網路中的權重值，學習過程被稱為訓練 (training)，一旦訓練完成，模型可以藉由訓練確定的權重值進行計算，使用此神經網路完成任務的動作被稱為推斷 (inference)。

神經網路在 20 世紀早期就被提出，但直到 LeNet 被廣泛運用在銀行內部的支票數字辨識上，神經網路才有了第一項實際上的應用。深度學習在近幾年廣受學界及業界歡迎，Vivienne Sze 等人在 Efficient Processing of Deep Neural Networks:A Tutorial and Survey 一文中認為主要原因有三，首先是訓練神經網路需要大量的資料，在網路盛行的現代要收集到大量的資料越來越簡單，舉例來說：Facebook 每天收到超過 3.5 億張圖片，YouTube 每分鐘有 300 小時的視訊被上傳。第二是充足的計算資源，隨著硬體越來越進步及平價，加上雲端計算逐漸受到重視，使得在適當的時間限制內訓練出良好的模型成為可能。最後一項原因則是演算法的進步提高的模型的準確性及應用範圍。

年代	事件
1940	神經網路概念被提出。
1960	深度神經網路概念被提出。
1989	LeNet 被提出並應用在手寫數字辨識方面。
1990	Intel ETANN 做為針對淺層網路的專用硬體現世。
2011	微軟在 DNN 語音辨識上有所突破。
2012	AlexNet 做為 DNN 演算法概念下取代處理視覺資料時傳統人工提取特徵之過程。
2014	Neuflow、DianNao 等用於 DNN 加速之硬體興起。

在 1960 年代就已經提出深度神經網路的基本概念，發展深度學習的動機在於建立、模擬人腦進行分析學習的神經網路，其模仿人腦的機制來解讀資訊。深度神經網路是無監督學習的一種，唯一的缺點是訓練需要耗費大量資源，主要應用的領域包含以下幾點：

1. 圖像和影片：

影片檔案在大數據中是含量最大的數據。電腦圖像必須從影片中提取有意義的信息。DNN 改進了許多電腦視覺任務諸如：圖像分類、對象定位和檢測、圖像分割和動作識別等方面的準確性。

2. 語言領域：

在語言方面有顯著的準確性和語言識別能力，例如：機器翻譯、自然語言處理和音訊生成等。

3. 醫學領域：

在基因學方面發揮了重要作用，從而對諸如自閉症、癌症和脊髓萎縮等疾病的遺傳學多有相關的研究在進行。在醫學影像學中也應用在皮膚癌、腦癌、乳癌上。

4. 遊戲領域：

近年許多涉及遊戲的大型人工智慧的挑戰 DNN 在其中獲得不凡的成績。其中需要訓練技術創新、依靠強化型學習等。DNN DNN（深度神經網路）的全面認識在遊戲中不僅超越了人類的水平，而且對遊戲中所有的可能性進行了徹底的搜索。

5. 機器人：

深度神經網路 (Deep Neural Networks, DNN) 在機器人工作領域取得了成功，例如：抓取機器人臂、移動機器人、視覺導航以及自駕車等。

二、遞歸神經網路 (Recurrent Neural Networks, RNN)

遞歸神經網路 (Recurrent Neural Network, RNN) 是一種人造神經網絡，它通過賦予網絡圖附加權重來創建循環機制，以維持內部的狀態。RNN 因此存在某種形式的記憶，允許先前的輸出結果影響後續的輸入。這樣的結構在大量有序信息時具有預測能力；長短期記憶 (Long Short-Term Memory, LSTM) 和門控循環單元 (Gated Recurrent Unit, GRU) 提升了原本 RNN 的記憶存儲問題，允許保留先前的數值這避免了「梯度消失問題」，在記憶能力上超越 RNN 擁有更好的效果。

1. 時序型：

在針對時序的數據，常見的例子如：天氣變化、股票價格、會隨著時間變動的數據都適用。

2. 自然語言處理型：

就自然語言處理領域常見的深度學習模型為 RNN、LSTM 與 GRU，在解決一些問題例如語音轉文字或是翻譯上，都已經展現出相當好的效果，人類的語言需要考慮上下文的文義，一整句話語序不同意思可能就不同了。人類的思考方式為持續性的並非單一導向型的，諸如許多數據都是有序性的。

三、卷積神經網路 (Convolutional Neural Networks, CNN)

卷積神經網路在許多問題上表現都成績不凡，特別是在圖片、訊號以及醫療影像上都有很好的結果，卷積神經網路的應用大致上為下列幾種：

1. 圖像處理與電腦視覺類型：

(1) 分類問題模型：

分類模型列表如下：AlexNet、VGG、GoogleNet、ResNet、DenseNet、FractalNet、CapsuleNet、IRCNN、IRRCNN、DCRN 等，只要是分類的問題都可以運用在此模型。

(2) 分割問題模型：

首個被提出的分割模型為完全卷積網絡 (FCN)。後續提出了這個網絡的修改版本，命名為 SegNet。最近提出了幾種新的模型，包括 RefineNet、PSPNEt、DeepLab、UNet 和 R2U-Net，在可以使用在語意分割上或是物件的分割上。

(3) 偵測問題模型：

首個對物件偵測的模型 Region based CNN (RCNN）。最近，已經提出了一些更好的偵測方法，包括 faster RCNN、fast RCNN，mask RCNN、YOLO、SSD、UD-Net，都可以應用在病理圖像中偵測組織。

2. 文字處理類型：

應用於語音處理，例如：使用 DCNN 進行的語音增強學習，以及使用卷積閥值遞歸網絡 (Convolutional Gated Recurrent Network, CGRN) 進行聲音訊號標記。

3. 醫療影像類型：

醫療影像有許多流行的分析方式，例如：使用圖像和相關的文字敘述利用 MDNet 訓練進行醫療診斷、透過 FCNN 學習權重再使用隨機森林進行腦部的腫瘤分割，這類技術同時也可以用在電腦斷層上。

在討論 Google 提出的新深度學習技術 TCAV 的一篇文章中提到，深度學習模型中模型的準確性與可解釋性之間存在著強烈的矛盾。在使用深度學習相關技術時，「選擇準確性還是可解釋性」是資料科學家們時常面臨的問題。這個問題目前並未存在標準答案，相信繼續在這個領域鑽研的過程中，或許可以得到同時具備兩者的方法架構。

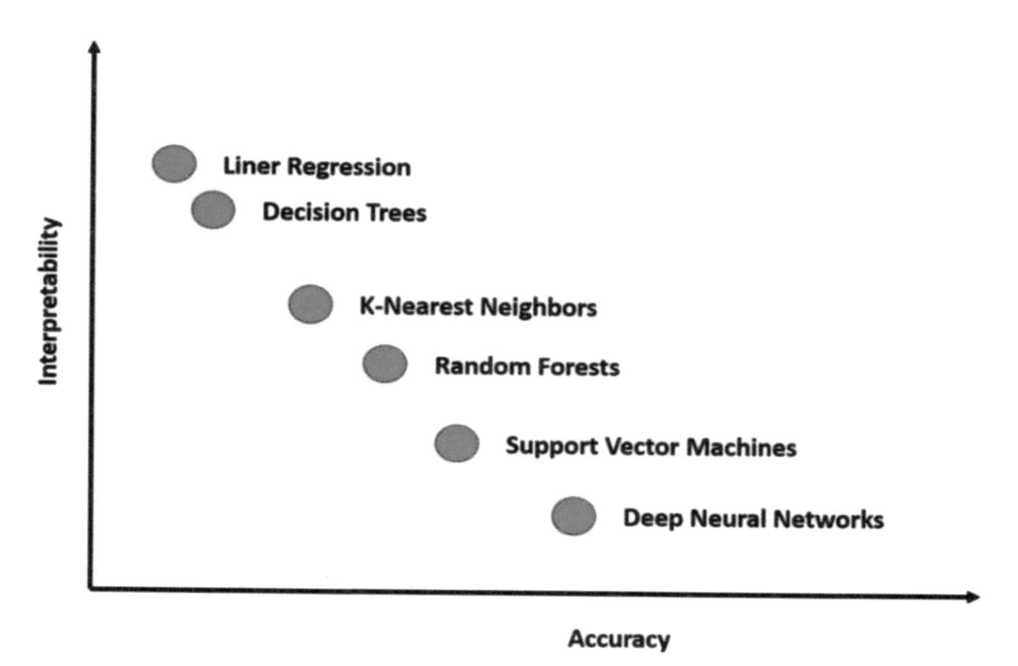

圖片來源：https://reurl.cc/31Ngr8

精選相關 YOUTUBE 影片

這張臉不屬於任何人！AI 人臉生成演算法 GAN 的黑科技！ | 一探啾竟 第 62 集 | 啾啾鞋

https://youtu.be/GaB5dnW6g7Q

精選相關網路文章

[DSC 2016] 系列活動：李宏毅 / 一天搞懂深度學習

https://www.slideshare.net/tw_dsconf/ss-62245351

3 分鐘搞懂深度學習到底在深什麼

https://panx.asia/archives/53209

【深度學習】如果電腦有神經，可以教它做什麼？

http://research.sinica.edu.tw/deep-learning-2017-ai-month/

「膠囊網路」是下一代深度學習人工智慧神經網路的接班人

https://www.techbang.com/posts/70450-capsule-network-is-the-successor-to-the-next-generation-of-deep-learning-artificial-intelligence-neural-network

AWS 上的深度學習

https://aws.amazon.com/tw/deep-learning/

【破解 AI 黑箱】Google 提出 TCAV 技術，有望成為深度學習的全新框架！

https://buzzorange.com/techorange/2019/07/23/deep-learning-cav-and-tcav/?fbclid=IwAR2LA4xDDZLy26tpYj0I6IgKvI_Cha8R7jDRLuqryr7VAV-PfWEmJC2u5o

CHAPTER 3

影像辨識原理與應用

3-1 電腦視覺原理

如果電腦也可以看得到，並如人類一般對周遭事物擁有完整的視覺那該會有多好？長年以來，科學家們不斷尋找解決方案，嘗試使電腦也能如同人類一般「看得到」。但這並非那麼容易的一件事。對於人類而言，眼前所看到的事物，基本上是由一個一個的「物體」和「背景」所組成的，要我們分辨這些「物體」和「背景」並非難事，但對於電腦便遠遠不是這麼回事了，眼中只有像素的他們，很難判斷出那些像素屬於背景、哪些物體又是屬於物體的範疇。電腦視覺也因為這些侷限，在過去的電腦科學發展中，很難去解決這些問題。

但現在 Facebook 的 AI 團隊卻提供了解決方案，在他們所釋出的三款 AI 影像辨識工具中，他們成功的讓電腦以人類的方式來「看見」東西，並按照「看到有物體」、「找出物體輪廓」、「知道物體是什麼」的方式，以「眼睛」來理解我們周遭的世界。而依照剛剛所提到的步驟，Facebook 的 AI 團隊分別建立了不同的工具，DeepMask（看見物體）、SharpMask（找到物體輪廓）、MultiPathNet（判斷物體是什麼），並提供給有興趣的社群大眾一起研究、改良。

那電腦視覺在人工智慧的協助下，是否就此一帆風順了呢？專家覺得未必如此。美國哈佛大學科學家考克斯 (David Cox) 表示：「AI 在目前依舊有不足之處。」雖然目前人工智慧已經發展到可以實現自動駕駛，並且在圍棋比賽上贏過世界冠軍，甚至不需要人類撰寫程式碼就可以自己改良和學習，他依舊有相當的侷限性。

考克斯接續說道：「目前的 AI 依舊不夠細膩，如果你希望他學會辨認狗的圖片，那你必須先給他數千張狗的照片及不是狗的照片來學習。但我女兒靠一張圖片便可以做到，而且之後還可以辨認出所有的小狗。」

另外，現在的電腦視覺，只要在圖片裡夾上一些恰到好處、肉眼無法辨識的干擾，電腦就很可能在圖像判斷上失真，也因此，如果將人臉辨識作為智慧型手機的安全防護功能，實務上來說可能不是那麼保險。但人們也不需要太氣餒，為了克服相關的不足和限制，在哈佛大學，考克斯和數十位神經科學家、機器學習專家成立了「MICrONS」計畫，在高達一億美元的經費下，希望對人類的大腦實行你想工程，並找出人類在圖像辨識上的關鍵因子，以及我們能如此有效率的原因。

無論如何，隨著電腦視覺的廣泛應用，的確為某些原本需要大量時間的工作看到了轉變的契機。目前全世界最大的野生動物圖片資料集 Snapshot Serengeti，在沒有機器協助下，一批 6 個月的影像便需要人力 2 到 3 個月才有辦法標註完成、並且需要大量的人力，這些照片，因為是在野外拍攝，很容易受天氣、光照、距離等等因素影響，很少有完美的圖像，對於人類來說標註是絕對不容易的。不過，利用電腦視覺技術，目前在 48 種動物的辨識上，正確率已經高達 99.3%，比遠先人類辨識的 96.6% 還要更準確，花費的時間更是與過去天壤之別。可以說，電腦視覺技術的出現，為很多原本人類也要花上許久的工作帶來了轉變的契機，相信在未來科技、人工智慧的發展下，這項技術也會越來越成熟，並為人類帶來許多不同的可能。

精選相關 YOUTUBE 影片

李飛飛：我們如何教導電腦看懂圖像 | TED Talk - TED.com

當孩童看著一個圖像，她能辨識出簡單的東西，例如貓、書、椅子等。如今，電腦也慢慢聰明得可以做到一樣的事情。那麼接下來呢？在這場動人的演說中，電腦視覺專家李飛飛與我們分享最先進的成果，包含了她的研究小組所建造，用來「教導」電腦識別的一千五百萬幅圖像，以及對未來世界的想像。

https://www.ted.com/talks/fei_fei_li_how_we_re_teaching_computers_to_understand_pictures?language=zh-tw

人工智慧概論- 24，影像分類 - 陽明大學。

https://eeclass.ym.edu.tw/media/16490

精選相關網路文章

- 【趨勢】教電腦「看」世界！未來主流 AI 應用：圖像辨識 – CloudMile
  https://www.mile.cloud/zh-hant/single-postai-for-image-identification/
- Facebook 開源 3 款人工智慧軟體，教電腦「看」圖片有哪些物體｜數位時代
  https://www.bnext.com.tw/article/40748/BN-2016-08-29-123826-218
- 電腦視覺
  https://zh.wikipedia.org/wiki/%E8%AE%A1%E7%AE%97%E6%9C%BA%E8%A7%86%E8%A7%89
- 解密人類大腦奧秘 - 工業技術與資訊月刊
  https://www.itri.org.tw/chi/Content/Publications/contents.aspx?&SiteID=1&MmmID=2000&MSid=777744457230722762
- 科學家用 AI 辨識野生動物，標記 320 萬張圖片省下 8.4 年時間 – iThome
  https://www.ithome.com.tw/news/123765
- CNN 經典模型應用 https://ithelp.ithome.com.tw/articles/10192162
- 陸發展地理圖像「AI 換臉」術 騙過美衛星偵察 - 中時電子報
  https://www.chinatimes.com/realtimenews/20190406000003-260417?chdtv\

3-2 ImageNet 與 ILSVRC 競賽介紹

前一個小節為大家談了談目前電腦視覺的現況。那大家有想過在於這個領域，技術是靠什麼來持續進展的呢？所謂沒有競爭、沒有成長，為了增快各方

好手在電腦視覺領域技術的創新和進步，有一個名作 ImageNet 的電腦視覺競賽，每年都會邀請各方好手來參與，看看誰在電腦視覺領域略勝一籌。百度、Google、Microsoft 年年都有參與，在於辨識技術上也是各有千秋，而引領這個比賽，讓各個巨頭趨之若鶩的比賽主考官，則是擁有一頭烏黑亮麗黑髮的女子——李飛飛。

ImageNet Large Scale Visual Recognition Challenge 簡稱 ILSVRC，是近幾年最廣為人知的圖像辨識競賽，起源於 2010 年、每年舉辦，通常會分為三種項目來競賽：

- 圖片物件辨識：辨識眼前的物體是什麼
- 圖片物體定位：找出物體在哪裡
- 影片物體辨識：影片內的物體是什麼

在 2017 年各項比賽冠軍隊伍從前至後分別來自於南京信息工程大學和倫敦帝國學院、牛津大學和新加坡國立大學、倫敦帝國學院與雪梨大學，都是來自全球的一流大學，可見全世界電腦科學家對於這個領域的重視。而這個競賽在 2017 年達到了頂峰，並邀請李飛飛及 Jia Deng 在競賽中的工作坊做主題演講，為大眾掀起這個高手雲集競賽的神祕面紗，並也隨後宣布，隨著 Kaggle 資料分析競賽的興起，2017 年之後的電腦視覺競賽競會改在 Kaggle 所提供的線上平台進行，期待隨著更多好手的加入，將可以更快的推進這個領域的發展。

精選相關 YOUTUBE 影片

GTC 2015 A Short History of Deep Learning, ImageNet part 4。

https://www.youtube.com/watch?v=ZTYsfrR4XKI

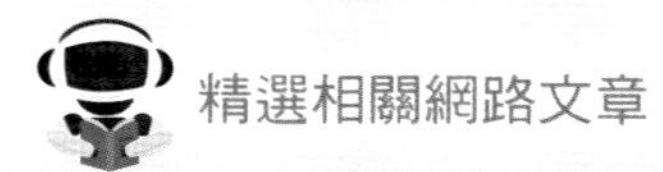

- CVPR 2017 李飛飛總結 8 年 ImageNet 歷史，宣布挑戰賽最終歸於 Kaggle - 字媒體
  https://zi.media/@yidianzixun/post/V8njGt
- Google、微軟的圖像識別技術行不行，都要「她」說了算 - 科技報橘
  https://buzzorange.com/techorange/2016/06/29/stanford-feifei/
- 最後一屆 ImageNet 大規模視覺識別大賽 (ILSVRC2017) 順利落幕，而 WebVision 圖像大賽會是下一個 ImageNet 大賽嗎？
  https://dosudodl.wordpress.com/2017/08/19/1-%E6%9C%80%E5%BE%8C%E4%B8%80%E5%B1%86imagenet%E5%A4%A7%E8%A6%8F%E6%A8%A1%E8%A6%96%E8%A6%BA%E8%AD%98%E5%88%A5%E5%A4%A7%E8%B3%BDilsvrc2017-%E9%A0%86%E5%88%A9%E8%90%BD%E5%B9%95-%E8%80%8Cwebvision/
- Large Scale Visual Recognition Challenge (ILSVRC) - IMAGENET 官網
  http://www.image-net.org/challenges/LSVRC/
- ImageNet 历年冠军和相关 CNN 模型 - CSDN
  https://www.cnblogs.com/liaohuiqiang/p/9609162.html
- ILSVRC 竞赛详细介绍 (ImageNet Large Scale Visual Recognition Challenge) - 台部落
  https://www.twblogs.net/a/ 5bfe22d4bd9eee7aec4e3423/zh-cn
- 【计算机视觉】ImageNet 介绍 - CSDN
  https://www.cnblogs.com/huty/p/8516963.html

3-3 人臉辨識

前兩個小節我們了談關於電腦視覺技術的發展，這一節我們將先所我們討論的範圍在人臉辨識領域，為大家談一談這個可能顛覆你我生活應用的發展。

在電腦被發明後，實現人臉辨識這項科技便一直是人類的夢想，人類自 1960 年代起便一直嘗試著找出實現這項技術的辦法，而在那個年代，對於人臉辨識的技術方案主要可以分為幾類：幾何式、光測式，並應用主成分分析、線性判別分析等方法來實現。

而儘管人類在這項技術的嘗試歷史久遠，這項技術的真正大爆發，則是要等到近年社群網路、智慧型手機、以及電腦算力的大幅提升。前兩項為人臉辨識技術提供了嶄新的應用場景，後者則是人臉辨識的電腦運算方式跳脫傳統的框架，便進入到深度學習以及人工智慧的範疇。現在，不僅在世界許多的國際機場皆有人臉辨識的相關應用，在學校出席統計、犯罪抓捕（電子警察）等等都可以見到這項技術的應用。

但具體為什麼人臉辨識會變得如此火紅，資策會的產業分析師則為讀者提供了幾個原因：

首先是深度學習、人工智慧技術突破性的發展，使人臉辨識跳脫了傳統思維、在準確度上有了真正的突破，搭配相關感測器價格逐漸降低，人臉辨識的相關產品應用便得逐漸可行。再來，因為技術的實現性高，近幾年在於這個技術的投資逐年攀升，而中國大陸更是目前對於這個技術投資最為多的地區和國家。最後，是應用需求的起飛，隨著技術的發展，各個手機、應用裝置的廠商皆希望將這個應用到如自己的產品中，也進一步使得本項技術有更加突破性的發展，並往終端運算及雲端運算兩個路線邁進。

而在人臉辨識技術最為盛行的中國大陸，百度可以說是個中翹楚，不僅曾在 FDDB、LFW 等平台拿過人臉辨識技術準確度的世界第一，99.77% 的準確度，甚至已經超越了普通人類的能力指標。再加上中國大陸已經陸續將人臉辨識導入生活周遭，如南陽姜營機場、度與烏鎮、武夷山等旅遊景區的合作，中國在於商業化、實地使用人臉辨識等等領域，可以說是已經跑得比其他人更前面。

而目前，在臺灣人臉辨識技術的應用也在陸續推廣當中，NEC 便曾經與臺灣自駕小巴業者合作，探索人臉辨識在臺灣商業化的可能性。可以預見的是，為了使人臉辨識技術更加成熟，還需要更多資料的累積和實務上的應用，才可以克服目前所預見的種種障礙，並真正實現人臉辨識的商業化應用。

精選相關 YOUTUBE 影片

中國的人臉識別監控系統有多厲害？

中國在建造當局稱是世上「最大的監控系統」。全國現已有 1.7 億個監控視鏡頭，當局計劃未來三年再安裝約四億個新鏡頭。許多監控系統都安裝了人臉辨認系統。BBC 駐北京記者沙磊 (John Sudworth) 測試了這些系統找人的能力。

https://www.youtube.com/watch?v=XHNQ6fwMf3Y

NEC Walkthrough 人臉辨識系統在臺灣——大型活動確實把關

NEC「Walkthrough 人臉辨識系統」在 2017 年 8 月導入臺灣，協助維護大型運動賽會舉行期間之公共安全。這套系統運用動態人臉比對技術，不需停下腳步，通過瞬間完成人臉辨識，繼 2016 年里約奧運後，首度導入臺灣成功運行。

https://www.youtube.com/watch?v=SBxxMbGPWTg

人臉辨識應用爆發　運作原理大解析

人臉辨識技術，在去年 iPhoneX 亮相後相關應用大爆發，今年蘋果更一舉推出多款新品，支撐起人臉辨識技術的關鍵叫 VCSEL，台廠業者更稱今年為「VCSEL 應用元年」。

https://www.youtube.com/watch?v=I_Fxnn0cT4Q

2017.11.26 開放新中國／陸人臉辨識技術不僅辨人還能辨父母

又到了歲末年終，回顧這一年，是人臉識別技術重大突破的一年，特別是在監視器數量，居全球之冠的中國大陸，而目前辨識技術再度提昇，不只能一秒識人，還能從你的影像中，辨識出你的父母，對於尋找失蹤人口和警方辦案，都提供了更有效的工具。

https://www.youtube.com/watch?v=gJwApRq6a7g

「臉」結帳・進會場・抓嫌犯 生物辨識新進程！世界翻轉中 20171224

本集世界翻轉中要帶大家一探未來的趨勢，您出門還習慣帶又厚又重的皮包嗎？早在 2014年，英國民眾使用電子支付的比例，已經超過一半，而 2017年，隨著 iPhoneX 推出臉部辨識功能，也宣告全球「刷臉時代」正式來臨！在中國大陸，只要花 2 秒鐘刷臉，就能進到 24 小時的 [無人超商] 買東西，不用掏出現金，信用卡，甚至手機，只靠刷臉就能付帳，同一時間，線上線下的新零售模式，結合人工智慧、物聯網、大數據、物流等功能，也正在翻轉消費習慣。

https://www.youtube.com/watch?time_continue=2&v=Vgski8N_vvA

【人臉辨識 回家最安全的路：Uber】

Uber 透過與微軟合作，使用人臉辨識這項即時身分辨別技術，可以用來預測、防範，讓乘客們處於一個更安全的環境。特別的是，辨識系統還會自動處理一些特殊狀況，像是司機戴了墨鏡或是其他裝飾，系統會立即要求拿下這些東西重拍一次！

https://www.facebook.com/MicrosoftTaiwan/videos/%E4%BA%BA%E8%87%89%E8%BE%A8%E8%AD%98-%E5%9B%9E%E5%AE%B6%E6%9C%80%E5%AE%89%E5%85%A8%E7%9A%84%E8%B7%AF-uber/599079570431492/g

- 身處 AI 時代，面子很重要- iThome
  https://ithome.com.tw/voice/121695
- 人臉辨識應用全面爆發！AI 加持與終端應用是關鍵 - iThome
  https://www.ithome.com.tw/tech/121690
- 百度 AI 落地首都機場 人臉閘機正在測試 – 新浪香港
  https://www.sina.com.hk/news/article/20170823/0/5/2/%E7%99%BE%E5%BA%A6AI%E8%90%BD%E5%9C%B0%E9%A6%96%E9%83%BD%E6%A9%9F%E5%A0%B4-%E4%BA%BA%E8%87%89%E9%96%98%E6%A9%9F%E6%AD%A3%E5%9C%A8%E6%B8%AC%E8%A9%A6-7825725.html
- 人臉辨識應用全面爆發！AI 加持與終端應用是關鍵 - DIGI
  https://www.digi.ey.gov.tw/News_Content.aspx?n=0A9FCBFE358FBE72&sms=C5D097AE49AFEE4C&s=47CE872359C6BB5C
- 報導：烏干達證實與華為合作在境內部署人臉辨識監控裝置 – iThome
  https://www.ithome.com.tw/news/132554
- 刷臉時代來臨 人臉辨識首度在台結合乘車服務 - DIGITIME
  https://www.digitimes.com.tw/iot/article.asp?cat=158&id=0000556644_7e351dae5a4omw3u5d7iq

3-4 手寫字辨識建模：MNIST 範例

談了這麼多關於電腦視覺的發展，就絕對不能漏掉經典的手寫辨識資料集 MNIST 了，以下就為大家介紹這個經典資料集的緣起。MNIST 是 Mixed

National Institute of Standards and Technology database 的縮寫（混合美國國家標準與技術研究所資料庫）。MNIST 訓練集是由有「卷積神經網路之父」之稱的美國電腦科學家 Yann Le Cun（楊立昆）所建立，他在 1988 年加入貝爾實驗室的自適應系統研究部門，專門於圖像使別等機器、深度學習方法的開發及應用，楊立昆並是紐約大學數據科學中心的創建主任和紐約 Facebook 人工智慧研究院的第一任主任，他在圖像辨識、圖像壓縮上的研究對現世電腦視覺領域的發展貢獻巨大。

這個訓練集因為資料集大小剛好、都是單色影像（黑字白底），很適合用來作為初學者在學系電腦視覺程式碼撰寫上使用，可以說是電腦視覺、圖像辨識領域的 Hello World。MNIST 資料集包含 60,000 個訓練樣本集和 10,000 個測試樣本集，約 250 人所撰寫，再經由轉成圖片，資料集中的每一張圖片都代表了 0-9 中的一個數字，圖片的大小都為 28×28 (pixel)，數字都會出現在圖片的正中間每一筆資料皆分為圖片和標籤。

MNIST 資料集可以在官網中下載，網址為：http://yann.lecun.com/exdb/mnist/，進入網頁如下所示：

THE MNIST DATABASE

of handwritten digits

Yann LeCun, Courant Institute, NYU
Corinna Cortes, Google Labs, New York
Christopher J.C. Burges, Microsoft Research, Redmond

The MNIST database of handwritten digits, available from this page, has a training set of 60,000 examples, and a test set of 10,000 examples. It is a subset of a larger set available from NIST. The digits have been size-normalized and centered in a fixed-size image.

It is a good database for people who want to try learning techniques and pattern recognition methods on real-world data while spending minimal efforts on preprocessing and formatting.

Four files are available on this site:

```
train-images-idx3-ubyte.gz:  training set images (9912422 bytes)
train-labels-idx1-ubyte.gz:  training set labels (28881 bytes)
t10k-images-idx3-ubyte.gz:   test set images (1648877 bytes)
t10k-labels-idx1-ubyte.gz:   test set labels (4542 bytes)
```

please note that your browser may uncompress these files without telling you. If the files you downloaded have a larger size than the above, they have been uncompressed by your browser. Simply rename them to remove the .gz extension. Some people have asked me "my application can't open your image files". These files are not in any standard image format. You have to write your own (very simple) program to read them. The file format is described at the bottom of this page.

The original black and white (bilevel) images from NIST were size normalized to fit in a 20x20 pixel box while preserving their aspect ratio. The resulting images contain grey levels as a result of the anti-aliasing technique used by the normalization algorithm. the images were centered in a 28x28 image by computing the center of mass of the pixels, and translating the image so as to position this point at the center of the 28x28 field.

透過這個資料集可以利用深度學習的演算法建模，作為手寫數字的辨識模型，以下對其原理與做法做一簡單說明與演練：

首先將每一張字卡的圖檔，按照其圖檔大小進行分割，MNIST 的圖檔為 28*28 pixel 大小，因此，分割成 784 (=28*28) 個小格子。以其中一張字卡寫著「5」為例：

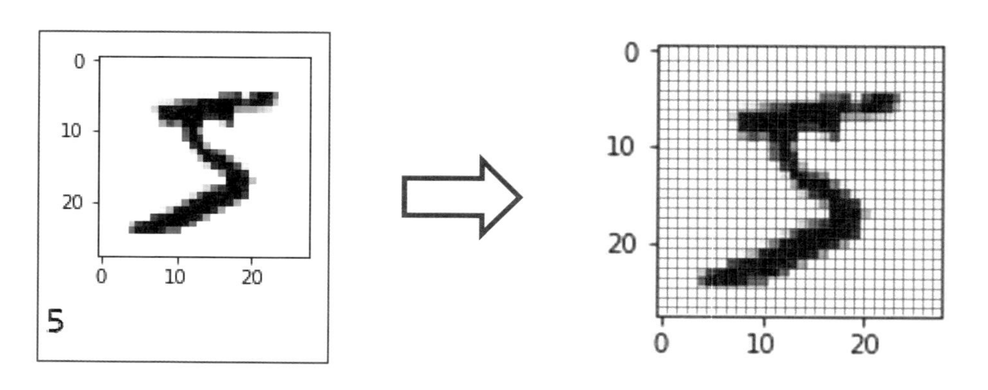

再根據每一個小格子中的顏色給予 0-255 的數字，因此可以得到下列的數字矩陣：

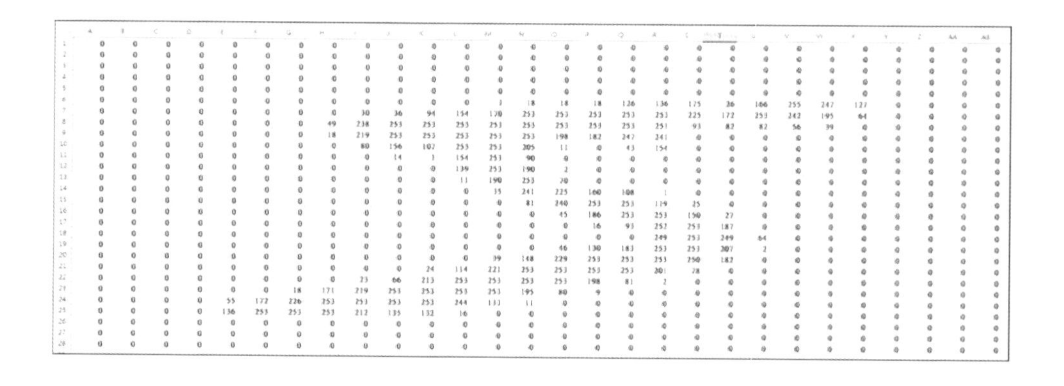

	A	B	C	D	E	F	G	H	I	J	K	L	M	N	O	P	Q	R	S	T	U	V	W	X	Y	Z	AA	AB
1	0	0	0	0	0	0	0	0	0	0	0	0	0	0	0	0	0	0	0	0	0	0	0	0	0	0	0	0
2	0	0	0	0	0	0	0	0	0	0	0	0	0	0	0	0	0	0	0	0	0	0	0	0	0	0	0	0
3	0	0	0	0	0	0	0	0	0	0	0	0	0	0	0	0	0	0	0	0	0	0	0	0	0	0	0	0
4	0	0	0	0	0	0	0	0	0	0	0	0	0	0	0	0	0	0	0	0	0	0	0	0	0	0	0	0
5	0	0	0	0	0	0	0	0	0	0	0	0	0	0	0	0	0	0	0	0	0	0	0	0	0	0	0	0
6	0	0	0	0	0	0	0	0	0	0	0	0	3	18	18	18	126	136	175	26	166	255	247	127	0	0	0	0
7	0	0	0	0	0	0	0	0	30	36	94	154	170	253	253	253	253	253	225	172	253	242	195	64	0	0	0	0
8	0	0	0	0	0	0	0	49	238	253	253	253	253	253	253	253	253	251	93	82	82	56	39	0	0	0	0	0
9	0	0	0	0	0	0	0	18	219	253	253	253	253	253	198	182	247	241	0	0	0	0	0	0	0	0	0	0
10	0	0	0	0	0	0	0	0	80	156	107	253	253	205	11	0	43	154	0	0	0	0	0	0	0	0	0	0
11	0	0	0	0	0	0	0	0	0	14	1	154	253	90	0	0	0	0	0	0	0	0	0	0	0	0	0	0
12	0	0	0	0	0	0	0	0	0	0	0	139	253	190	2	0	0	0	0	0	0	0	0	0	0	0	0	0
13	0	0	0	0	0	0	0	0	0	0	0	11	190	253	70	0	0	0	0	0	0	0	0	0	0	0	0	0
14	0	0	0	0	0	0	0	0	0	0	0	0	35	241	225	160	108	1	0	0	0	0	0	0	0	0	0	0
15	0	0	0	0	0	0	0	0	0	0	0	0	0	81	240	253	253	119	25	0	0	0	0	0	0	0	0	0
16	0	0	0	0	0	0	0	0	0	0	0	0	0	0	45	186	253	253	150	27	0	0	0	0	0	0	0	0
17	0	0	0	0	0	0	0	0	0	0	0	0	0	0	0	16	93	252	253	187	0	0	0	0	0	0	0	0
18	0	0	0	0	0	0	0	0	0	0	0	0	0	0	0	0	0	249	253	249	64	0	0	0	0	0	0	0
19	0	0	0	0	0	0	0	0	0	0	0	0	0	0	46	130	183	253	253	207	2	0	0	0	0	0	0	0
20	0	0	0	0	0	0	0	0	0	0	0	0	39	148	229	253	253	253	250	182	0	0	0	0	0	0	0	0
21	0	0	0	0	0	0	0	0	0	0	24	114	221	253	253	253	253	201	78	0	0	0	0	0	0	0	0	0
22	0	0	0	0	0	0	0	0	23	66	213	253	253	253	253	198	81	2	0	0	0	0	0	0	0	0	0	0
23	0	0	0	0	0	0	18	171	219	253	253	253	253	195	80	9	0	0	0	0	0	0	0	0	0	0	0	0
24	0	0	0	0	55	172	226	253	253	253	253	244	133	11	0	0	0	0	0	0	0	0	0	0	0	0	0	0
25	0	0	0	0	136	253	253	253	212	135	132	16	0	0	0	0	0	0	0	0	0	0	0	0	0	0	0	0
26	0	0	0	0	0	0	0	0	0	0	0	0	0	0	0	0	0	0	0	0	0	0	0	0	0	0	0	0
27	0	0	0	0	0	0	0	0	0	0	0	0	0	0	0	0	0	0	0	0	0	0	0	0	0	0	0	0
28	0	0	0	0	0	0	0	0	0	0	0	0	0	0	0	0	0	0	0	0	0	0	0	0	0	0	0	0

再轉成一個向量作為這個字卡的特徵變數 (X_1-X_{784}) 的屬性值，標籤變數 (Y) 屬性值為 5。所以，這個 MNIST 資料集的內容是如此產生出來。

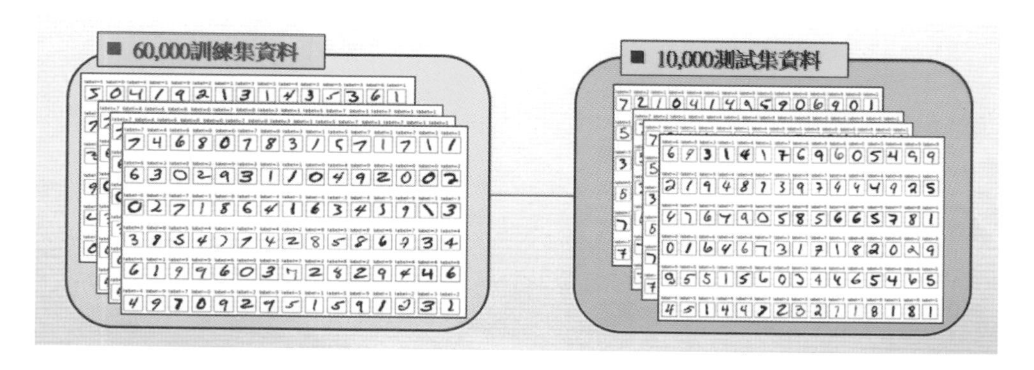

接下來，採用 Python 來示範如何利用 MNIST 這個資料集來建立一個辨識模型，本示範採用多層感知器 (Multilayer Perceptron) 的演算法：

- 28*28=784 個特徵值 (feature) 故輸入層有 784 個神經元
- 最後預測結果是 0~9 的某一個數字，故輸出層有 10 個神經元
- 導入 1 層的隱藏層有 256 個神經元

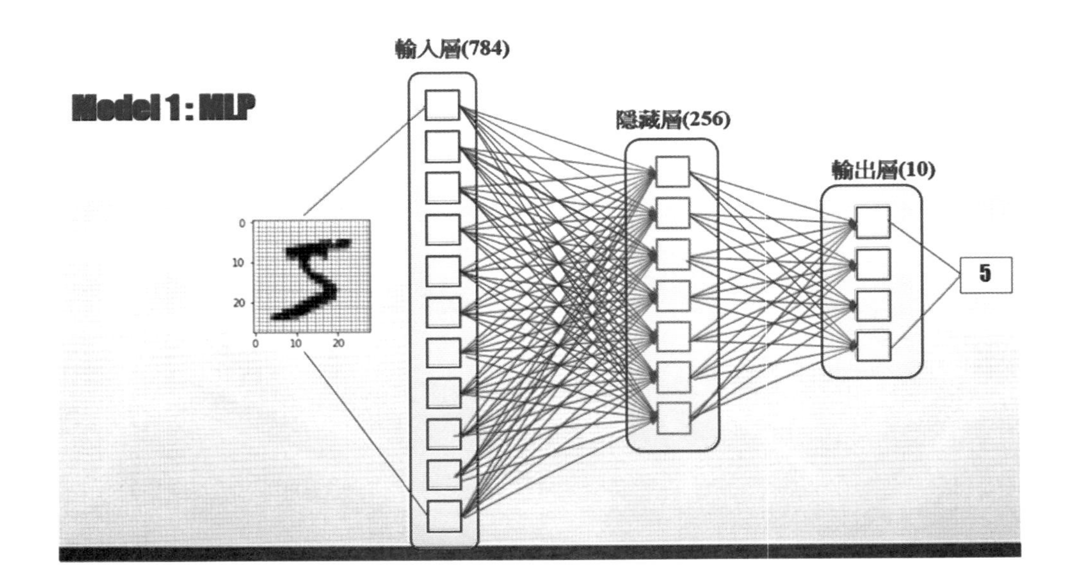

接下來介紹如何採用 Google 的工具，體驗一下如何進行上述深度學習建模的工作。首先，需要您先申請 Google (Gmail) 免費帳號，即可按照下列步驟來建模。

1. 進入 Google 首頁，並登入您的帳號。

Google 完全手冊 Google 商店

Google

2. 點選「應用程式」→「雲端硬碟」，進入屬於您的雲端硬碟網頁：

3. 進入「雲端硬碟」頁面後，點選「新增」→「更多」→「Google Colaboratory」：

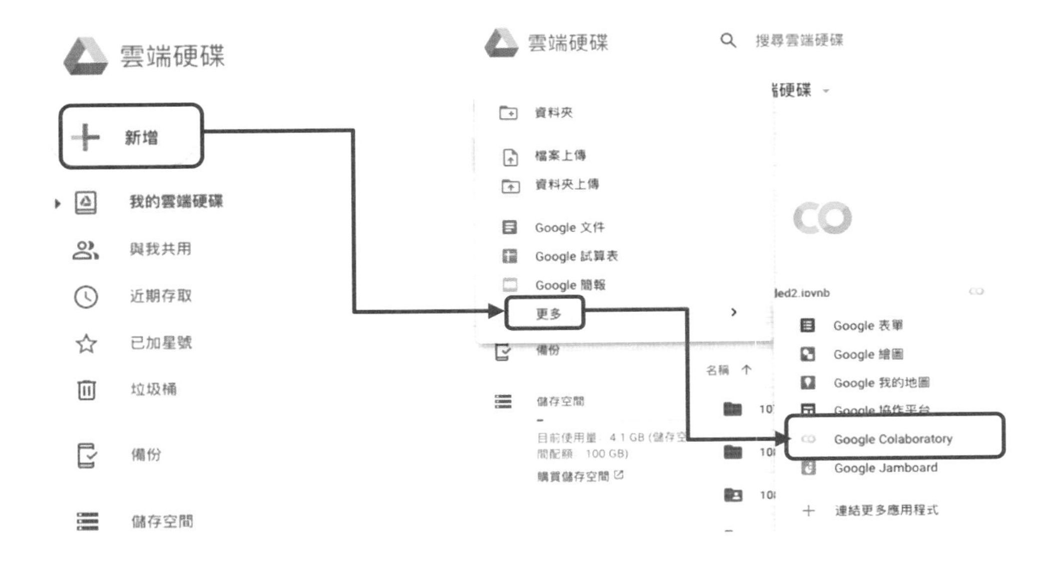

4. 進入「Google Colaboratory」頁面後，畫面如下：

此工具稱為「Jupyter Notebook」，可以直接執行 Python 的語法。

5. 用記事本打開檔案：「prog3-1-mnistExampleCode.txt」：

```
## 1.準備套件:
from __future__ import absolute_import, division, print_function, unicode_literals
import tensorflow as tf
import matplotlib.pyplot as plt
import numpy as np
import pandas as pd
np.random.seed(1999)

## 2.準備資料:
# 下載(或重新呼叫) MNIST 資料:60000筆訓練集、10000筆測試集
mnist = tf.keras.datasets.mnist
(x_train, y_train), (x_test, y_test) = mnist.load_data()

# 將轉換後image資料標準化
x_train, x_test = x_train / 255.0, x_test / 255.0

## 3.建模:MLP(MultiLayer Perceptron)
# 定義模型:
model = tf.keras.models.Sequential([
  tf.keras.layers.Flatten(input_shape=(28, 28)),
  tf.keras.layers.Dense(256, activation='relu'),
  tf.keras.layers.Dropout(0.2),
  tf.keras.layers.Dense(10, activation='softmax')
])
# 定義模型損失函數:
model.compile(optimizer='adam',
              loss='sparse_categorical_crossentropy',
              metrics=['accuracy'])

## 4.開始訓練模型:
# model.fit(x_train, y_train, epochs=10)
# model.evaluate(x_test,  y_test, verbose=2)
train_history=model.fit(x=x_train,
                        y=y_train, validation_split=0.2,
                        epochs=10, batch_size=200,verbose=2)
## 5.評估模型:
def show_train_history(train_history,train,validation):
    plt.plot(train_history.history[train])
    plt.plot(train_history.history[validation])
    plt.title('Train History')
    plt.ylabel(train)
    plt.xlabel('Epoch')
    plt.legend(['train','validation'],loc='upper left')
    plt.show()

# 顯示模型訓練集資料之正確率圖形:
show_train_history(train_history,'acc','val_acc')
# 顯示模型訓練集資料之錯誤率圖形:
show_train_history(train_history,'loss','val_loss')

# 採用測試資料評估模型準確率:
scores=model.evaluate(x_test,y_test)
print("評估結果: model accuracy=",scores[1])


## 6.使用模型預測:(以測試集為例)
# 進行預測:
prediction=model.predict_classes(x_test)
# 預測結果:
prediction
# 顯示預測結果:
## 定義多筆顯示函數:
def plot_images_labels_prediction(images,labels,
                                  prediction,idx,num=10):
    fig=plt.gcf()
    fig.set_size_inches(12,14)
    if num>25: num=25
    for i in range(0,num):
        ax=plt.subplot(5,5, 1+i)
        ax.imshow(images[idx],cmap='binary')
        title="label=" +str(labels[idx])
        if len(prediction)>0:
            title+=",predict=" +str(prediction[idx])

        ax.set_title(title,fontsize=10)
        ax.set_xticks([]);ax.set_yticks([])
        idx+=1
    plt.show()
## 查看前10筆預測結果:
plot_images_labels_prediction(x_test,y_test,prediction,idx=1)
## 建立混淆矩陣:
pd.crosstab(y_test,prediction,rownames=['label'],colnames=['predict'])
```

6. 把所有的語法全選、複製、貼到 Colaboratory 的頁面上：

Untitled0.ipynb

File Edit View Insert Runtime Tools Help All changes saved

\+ Code + Text

```
## 1.準備套件:
from __future__ import absolute_import, division, print_function, unicode_literals
import tensorflow as tf
import matplotlib.pyplot as plt
import numpy as np
import pandas as pd
np.random.seed(1999)

## 2.準備資料:
# 下載(或重新呼叫) MNIST 資料:60000筆訓練集、10000筆測試集
mnist = tf.keras.datasets.mnist
(x_train, y_train), (x_test, y_test) = mnist.load_data()

# 將轉換後image資料標準化
x_train, x_test = x_train / 255.0, x_test / 255.0

## 3.建模:MLP(MultiLayer Perceptron)
# 定義模型:
model = tf.keras.models.Sequential([
  tf.keras.layers.Flatten(input_shape=(28, 28)),
  tf.keras.layers.Dense(256, activation='relu'),
  tf.keras.layers.Dropout(0.2),
  tf.keras.layers.Dense(10, activation='softmax')
])
# 定義模型損失函數:
model.compile(optimizer='adam',
              loss='sparse_categorical_crossentropy',
              metrics=['accuracy'])

## 4.開始訓練模型:
```

7. 點選語法前面的執行鍵，即可進行建模工作：

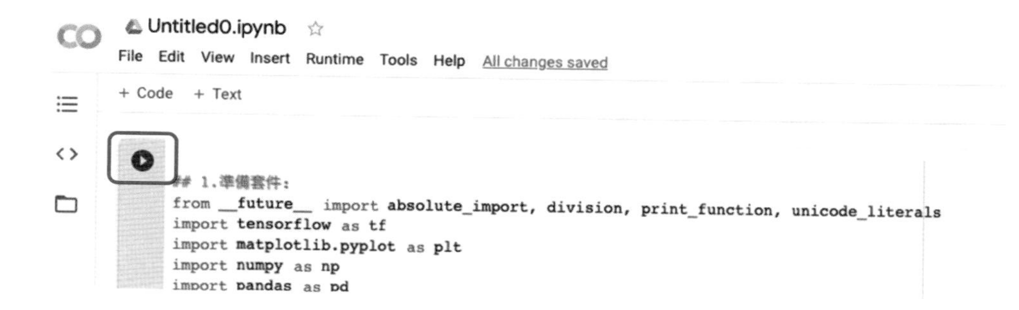
Untitled0.ipynb
File Edit View Insert Runtime Tools Help All changes saved
+ Code + Text
1.準備套件:
from __future__ import absolute_import, division, print_function, unicode_literals
import tensorflow as tf
import matplotlib.pyplot as plt
import numpy as np
import pandas as pd

8. 執行過程：

```
Epoch 1/10
240/240 - 2s - loss: 0.4258 - accuracy: 0.8806 - val_loss: 0.2068 - val_accuracy: 0.9453
Epoch 2/10
240/240 - 2s - loss: 0.1948 - accuracy: 0.9447 - val_loss: 0.1479 - val_accuracy: 0.9582
Epoch 3/10
240/240 - 2s - loss: 0.1424 - accuracy: 0.9591 - val_loss: 0.1199 - val_accuracy: 0.9651
Epoch 4/10
240/240 - 2s - loss: 0.1120 - accuracy: 0.9672 - val_loss: 0.1044 - val_accuracy: 0.9702
Epoch 5/10
240/240 - 2s - loss: 0.0922 - accuracy: 0.9728 - val_loss: 0.0966 - val_accuracy: 0.9710
Epoch 6/10
240/240 - 2s - loss: 0.0787 - accuracy: 0.9766 - val_loss: 0.0859 - val_accuracy: 0.9746
Epoch 7/10
240/240 - 2s - loss: 0.0680 - accuracy: 0.9805 - val_loss: 0.0798 - val_accuracy: 0.9753
Epoch 8/10
240/240 - 2s - loss: 0.0590 - accuracy: 0.9824 - val_loss: 0.0780 - val_accuracy: 0.9753
Epoch 9/10
240/240 - 2s - loss: 0.0509 - accuracy: 0.9847 - val_loss: 0.0770 - val_accuracy: 0.9762
Epoch 10/10
240/240 - 2s - loss: 0.0465 - accuracy: 0.9862 - val_loss: 0.0743 - val_accuracy: 0.9779
```

9. 執行結果：

訓練集（包含驗證集）的正確率 (acc) 與損失率 (loss)，在各週期 (Epoch) 的表現圖：

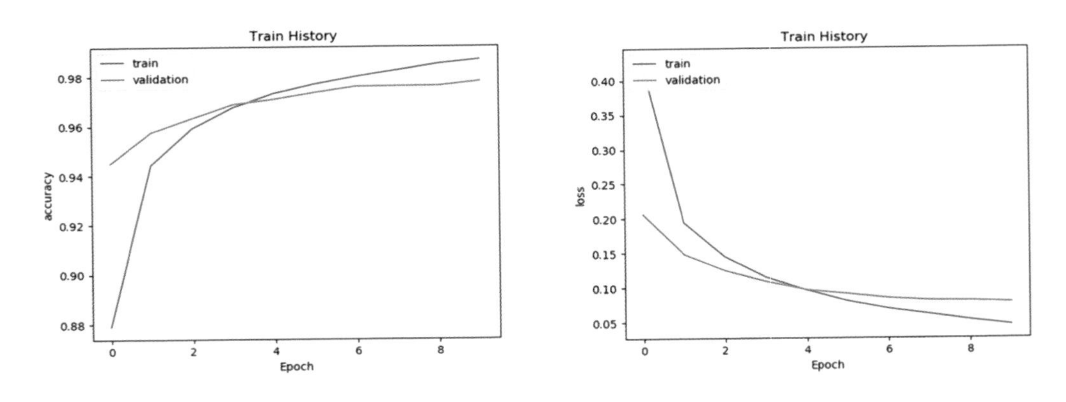

測試集的損失率為 0.0674，正確率為 0.9785

```
313/313 [==============================] - 1s 2ms/step - loss: 0.0674 - accuracy: 0.9785
評估結果: model accuracy= 0.9785000085830688
```

前 10 個測試集的原字卡圖形、真正的標籤變數屬性值 (label)、利用上面所建的模型預測的結果 (predict)：可以看到利用此模型預測的結果，準確度還蠻高。

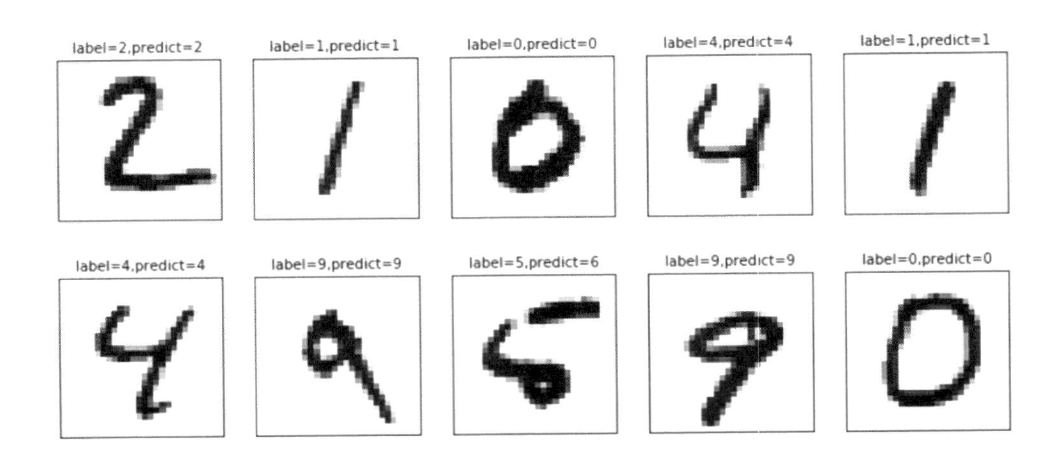

3-5 醫療影像辨識應用

本節將與大家談一談電腦視覺的一個造福人類應用：醫療影像辨識。

一直以來，臺灣在世界上的醫療領域皆是走在前面的領頭羊，在醫療影像資料庫的建立也是如此，科技部早已完成臺灣的「AI 醫療影像」資料庫的建立，從臺灣大學臺大醫院、台北榮民總醫院、台北醫學大學附設醫院優秀醫生取得相關影像資料集診斷經驗，每年可以累積接近 5 萬個醫療案例的相關影像，並有 33% 的醫療影像都已經完成疾病諮詢標註，已經可以用來開發圖像辨識、電腦視覺演算法、提供給外界使用。

而在醫療資料庫建立上也有幾個面臨到得挑戰及需要改善的議題，其中一個便是醫療影像的品質，醫療影像品質的優與劣，往往就會影響到後續治療的結果，如何改善並且蒐集品質好的醫療影像資料也因此成為資料庫工程人員的注意、發展要點。專家並建議可以從取像、成像的技術去改良，並在影像處理、過濾方法上去做研究，以處理有時候因為在血液中因為反射訊號太微弱而使儀器無法測量相關訊號的情況。

醫療影像資料庫的建立、影像的數位化大幅度的提升了醫生在診斷及治療上的效率，更使遠距醫療成為可能，同時間醫病之間的溝通也因此得到了優化，相關資料也適合後續研究以改善診斷、治療過程，更有甚者可以作為教學資料庫使用，可說是優點多多。

舉例來說，Zebra Medical Vision 演算法，使用放射科醫師所提供的診斷資料，訓練深度學習演算法，已經可以一次抓取超過 10 種疾病特徵，協助以使在診斷上更有效能，並提升照護品質及效率。臺灣本地，多家相關業者已使用動態斷層掃描影像，可以成功判讀包括肝癌細胞 (Hepatocellular Carcinoma；HCC)、血管瘤 (Hemangioma)、局部增生性結節 (Focal Nodular Hyperplasia) 等等疾病。

醫療影像、電腦視覺的技術發展不僅在醫療上可以提供醫生幫助，在未來想必更存在著更多可能性等著人類去探索。

精選相關 YOUTUBE 影片

民眾跨院所就醫時，可以提醒醫師利用系統查詢過去的檢驗檢查與用藥紀錄，協助醫師更快正確診斷。健保醫療資訊雲端系統，醫療影像共享

https://www.youtube.com/watch?v=X4OCznROzO8

微軟攜手醫療影像 Novarad 開發術前擴充實境 AR 系統 FDA 過關

http://www.genetinfo.com/trend/item/23335.html?start=1

人工智慧判讀醫療資料 榮總 AI 門診明年問世【央廣新聞】

人工智慧 (AI) 結合醫療是國際發展趨勢，科技部聯合國立臺灣大學、台北榮民總醫院、台北醫學大學 3 大醫療團隊，建置臺灣首座「本土化跨醫療院所之醫療影像標註資料庫」，鎖定心、肺、腦等重大疾病，運用機器學習，讓人工智慧判讀影像，目前準確率都有 8 成以上。榮總甚至透露，明年第 1、2 季就會推出 AI 門診，將能減輕醫師負擔，增加與病人的交流，造福民眾。（央廣記者鄭翔云、楊文君採訪報導）

https://www.youtube.com/watch?v=I5Dv7r9nI4g

2018/12/13 未來科技展 國網中心 醫療影像 VR 瀏覽互動工具程式 vvViewer 示範影片：

在虛擬的三維空間內，可以直接操作並且觀察人體內部。包括心臟血管等腫瘤與異常。更能夠提供醫師直接保留或是刪除各部位的病理資訊。

https://www.youtube.com/watch?v=SBKBDb6twU8

【加速醫療影像 AI 發展再創臺灣優勢 科技部啟動臺灣首座跨醫療院所之醫療影像標註資料庫】

人工智慧 (AI)＋ 醫療正是國際發展趨勢，由於醫療 AI 演算法的開發是需要大量的疾病標註資料來作為 AI 學習的標準答案，因此，科技部聯合國立臺灣大學、臺北榮民總醫院、臺北醫學大學 3 大醫療團隊，致力於打造臺灣首座本土化跨醫療院所的醫療影像標註資料庫「醫療影像專案計畫」自 106 年 10 月正式啟動，結合 3 大醫療團隊的專業醫療研究人員及國立臺灣大學、國立臺灣科技大學、國立交通大學、國立中央大學等學界 AI 專業研究人員，共同組成跨領域團隊，將醫療影像資料進行處理與編譯，同時開發出可自動分析判讀醫療影像的 AI 演算法，以問題解決為導向且能實際解決臨床問題為目標。

目前團隊已開發相關協助診斷技術：

國立臺灣大學團隊：針對心臟血管疾病，透過 AI 自動將冠狀動脈結構與心肌血流功能融合。

臺北榮民總醫院團隊：針對腦部疾病，以 AI 自動偵測顱內轉移腫瘤，輔助醫師做診斷。

臺北醫學大學團隊：針對肺癌影像，透過深度標註與 AI 模型開發來協助肺癌病理分類、診斷與預後預測。

https://www.facebook.com/www.most.gov.tw/videos/vb.1413716135538246/1972868963019271/?type=2&theater

精選相關網路文章

- 臺灣首座「AI 醫療影像」資料庫上線：兩秒鐘判讀心血管疾病，共可辨認 15 種病徵
  https://www.seinsights.asia/article/3289/3270/6005
- 善用醫療影像技術 有效提升診斷與治療品質 - DIGITIMES

https://www.digitimes.com.tw/iot/article.asp?cat=130&cat1=50&cat2=15&id=0000226703_bjo6twkh1r4z682bnmwnx

- Zebra Medical Vision加速發展醫療影像判讀之 AI 技術 - 智慧應用
  https://digitimes.com.tw/iot/article.asp?cat=158&cat1=20&cat2=15&cat3=15&id=0000534097_O9M15W4L8PZYAE8UOFBBL

- AI 醫學影像戰場熱 緯創醫學攜手北市聯醫從肝臟腫瘤找出新藍海
  https://digitimes.com.tw/iot/article.asp?cat=158&cat1=20&cat2=20&id=0000563308_TSZ4K1WLL9KK459O8HCHT

3-6 實作單元：人臉偵測與辨識實作

人臉偵測 (face detection) 是指在圖片中定位出人臉區塊的位置，通常會將此區塊的左上角、右下角的座標找出來。人臉偵測目的是找出圖片中所有人臉的區塊，至於這個人臉是誰並不在乎。

人臉辨識 (face recognition) 是將人臉圖像給予一個標籤的處理，就像人類透過眼睛看到一張臉，就可以叫出這張臉的名字、辨識出是男生還是女生……，這類的電腦視覺稱為人臉辨識。

要做好人臉辨識必須要先做好人臉偵測，人臉偵測不光是為了找出人臉區塊的位置，重要的是把找到的人臉區塊中的人臉更加清楚，且能把圖片中人臉無關的部分剔除，增加辨識的準確度。

人臉辨識的演算法：EigenFace、FisherFace 和 LBPHFace 三種。

特徵臉 (Eigenface) 是指用於機器視覺領域中的人臉識別問題的一組特徵向量。首先由 Sirovich and Kirby (1987) 提出，並由 Matthew Turk 和 Alex Pentland 用於人臉人臉識別，特徵臉的技術是採用統計學多變量分析中的主成分分析 (principal components analysis；PCA) 方法獲得。(https://kknews.cc/zh-tw/science/apgjve6.html)

FisherFace 是採用線性判別式分析 (Linear Discriminant Analysis, LDA)，也叫 Fisher 線性判別 (Fisher Linear Discriminant ,FLD)，是模式識別的經典算法，是 1996 年由 Belhumeur 引入模式識別和人工智慧領域的。線性判別分析的基本思想是將高維的模式樣本投影到低維最佳矢量空間，以達到抽取重要分類信息和壓縮特徵空間維度的效果，投影後保證模式樣本在新的子空間有最大的類間距離、最小的類內距離，即模式在該空間中有最佳的可分離性。(https://kknews.cc/zh-tw/tech/82n9gjg.html)

LBPH (Local Binary Patterns Histograms) 局部二進位編碼長條圖，建立在 LBPH 基礎之上的人臉辨識方法，基本原理如下：首先以每個像素為中心，判斷與周圍像素灰度值大小關係，對其進行二進位編碼，從而獲得整幅圖像的 LBP 編碼圖像；再將 LBP 圖像分為個區域，獲取每個區域的 LBP 編碼長條圖，繼而得到整幅圖像的 LBP 編碼長條圖，通過比較不同人臉圖像 LBP 編碼長條圖達到人臉識別的目的，其優點是不會受到光照、縮放、旋轉和平移的影響。(https://blog.csdn.net/sinat_25885063/article/details/43704005)

實作：靜態人臉偵測

【步驟 1】建置電腦環境

1. 下載 Anaconda 軟體
   - 下載網址：官網說明網址為 https://www.anaconda.com/download/

Anaconda Installers

Windows
Python 3.7
64-Bit Graphical Installer (466 MB)
32-Bit Graphical Installer (423 MB)

MacOS
Python 3.7
64-Bit Graphical Installer (442 MB)
64-Bit Command Line Installer (430 MB)

Linux
Python 3.7
64-Bit (x86) Installer (522 MB)
64-Bit (Power8 and Power9) Installer (276 MB)

2. 安裝 Anaconda 軟體：
   - Window 安裝過程詳見本章附錄 A
   - Mac OS 安裝過程詳見本章附錄 B

3. 啟動Spyder 輔助工具

4. 下載與安裝 OpenCV：
   - 在 Ipython console 中鍵入「!pip install opencv_python」按 Enter 鍵
   - 安裝完成後，在 Ipython console 中鍵入「import cv2」按 Enter 鍵後，如果沒有任何訊息，表示 OpenCV 安裝成功

5. 建立工作資料夾與子資料夾：（底下假設工作夾為「D:\opencv2\」）
   - 建立子資料夾「lib」→ D:\opencv2\lib\
   - 建立子資料夾「picIn」→ D:\opencv2\picIn\
   - 建立子資料夾「picOut」→ D:\opencv2\picOut\

【步驟 2】準備檔案

1. 找出 Harr（海爾 Harr 特徵）人臉辨識特徵檔案的路徑：
   C:\User\”A”\Anaconda3\Lib\site-packages\cv2\data\
   “A”：是指你使用電腦的使用者名稱（就是開機時進入window 的使用者名稱）

2. 將該目錄下的檔案全部複製至 D:\opencv2\lib\ 資料夾內。

- haarcascade_eye.xml
- haarcascade_eye_tree_eyeglasses.xml
- haarcascade_frontalcatface.xml
- haarcascade_frontalcatface_extended.xml
- haarcascade_frontalface_alt.xml
- haarcascade_frontalface_alt_tree.xml
- haarcascade_frontalface_alt2.xml
- haarcascade_frontalface_default.xml
- haarcascade_fullbody.xml
- haarcascade_lefteye_2splits.xml
- haarcascade_licence_plate_rus_16stages.xml
- haarcascade_lowerbody.xml
- haarcascade_profileface.xml
- haarcascade_righteye_2splits.xml
- haarcascade_russian_plate_number.xml
- haarcascade_smile.xml
- haarcascade_upperbody.xml

【步驟 3】進行人臉偵測

範例一：

檔案名稱：img001.jpg（檔案在 ./opencv2/picIn/ 子資料夾中）

1. 啟動 Spyder

2. 進入 Spyder 後，選擇工作目錄：.\opencv2

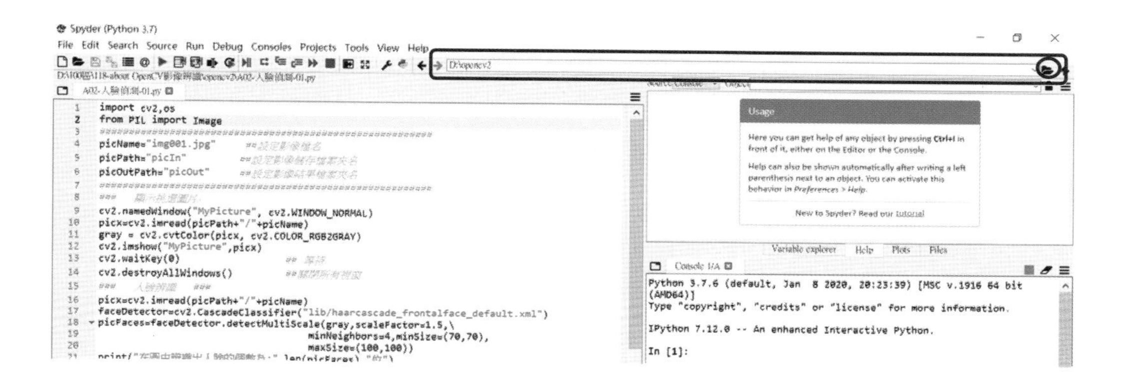

3. 開啟檔案：A1-靜態人臉偵測-haar.py

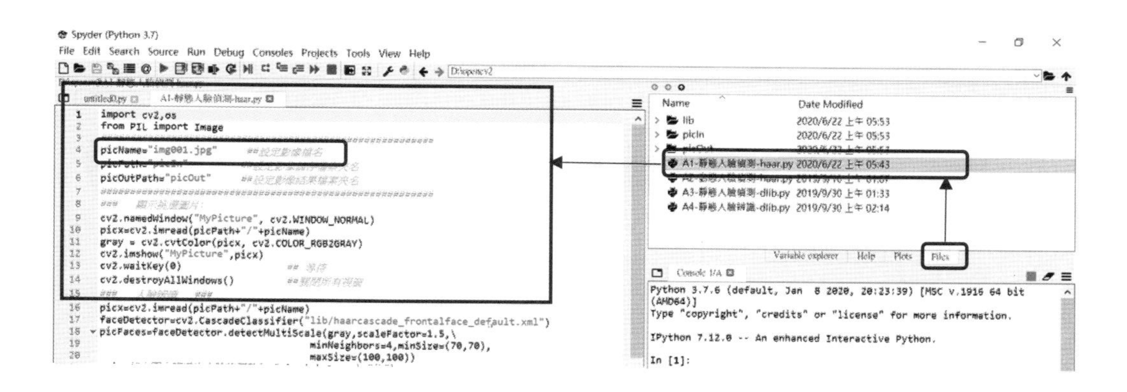

4. 確認程式碼的第 4 行中檔名為：img001.jpg

5. 執行程式，點選圖像視窗。

6. 首先會將圖片展示出來，你可以利用滑鼠縮放該視窗

7. 點選任意鍵，可以看到視窗中已偵測到人臉

8. 點選任意鍵，可結束圖像視窗。

9. 進入檔案總管，進入 .\opencv2\picOut\ 檔案夾，可以找到電腦偵測到的人臉檔案。

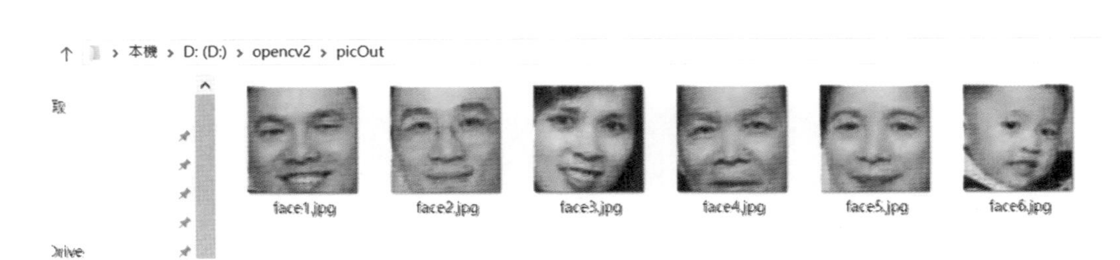

範例二：

檔案名稱：img002.jpg（檔案在 ./opencv2/picIn/ 子資料夾中）

執行範例一的步驟 1~步驟 3 後，接下來修改步驟 4 中程式碼第 4 行中檔名為：Img002.jpg，再完成步驟 5~步驟 7，會得到下面圖像：

可以發現有只能偵測三張人臉，有一張臉是重複，卻有三張人臉是偵測不到。

可以嘗試改變參數值：由於圖中有一張臉是重複，將程式碼的第 18 行 scaleFactor 值增為 1.6。

```
16    picx=cv2.imread(picPath+"/"+picName)
17    faceDetector=cv2.CascadeClassifier("lib/haarcascade_frontalface_default.xml")
18    picFaces=faceDetector.detectMultiScale(gray,scaleFactor=1.6,\
19                                    minNeighbors=4,minSize=(70,70),maxSize=(500,500))
20    print("在圖中辨識出人臉的個數為:",len(picFaces),"位")
21    ###    顯示辨識後的圖片(加人臉框):
```

重新執行成步驟 5~步驟 7，會得到下面圖像，就不會重複偵測到人臉：

若改變參數值：將程式碼的第 18 行 scaleFactor 值增為 1.8、minNeighbors 值降成為 1，重新執行成步驟 5~步驟 7，會得到下面圖像，會在增加偵測到 4 張人臉：

可以發現，Harr 模式是可以透過調整參數值，來達到增加偵測的準確度。

實作：動態人臉偵測

以下實作部分請連結 cam 鏡頭（一般筆電都有配備鏡頭即可）：

1. 啟動 Spyder

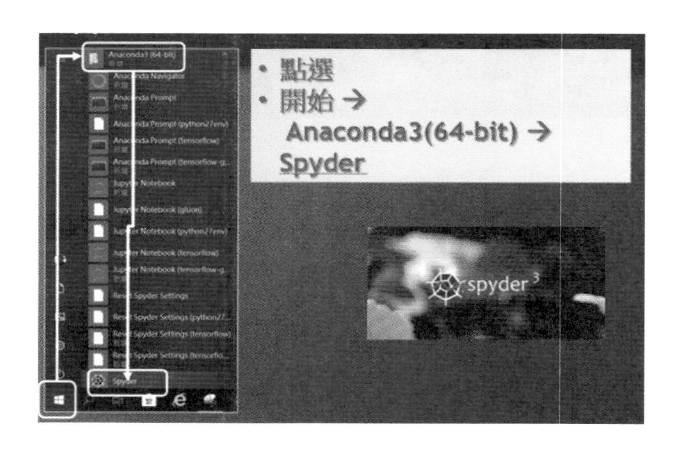

2. 進入 Spyder 後，選擇工作目錄：.\opencv2

3. 開啟檔案： A2-動態人臉偵測-haar.py

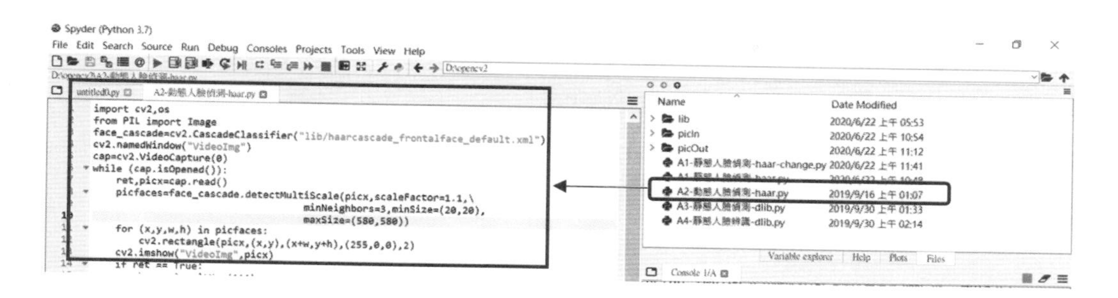

4. 執行程式，點選圖像視窗。則在圖像視窗中可以標示出所有人臉，並用藍色框出人臉，可以按下「a」鍵 或「A」鍵會結束圖像視窗，並將人臉儲存在 .\picOut 子資料夾內。

實作：採用 Dlib 套件進行動態人臉偵測

以下實作部分請連結 cam 鏡頭（一般筆電都有配備鏡頭即可）：

1. 啟動 Spyder

2. 進入 Spyder 後，選擇工作目錄：.\opencv2

3. 開啟檔案： A3-動態人臉偵測-dlib.py

4. 執行程式，點選圖像視窗。則在圖像視窗中可以標示出所有人臉，並用藍色框出人臉，可以辨識出人臉的 68 的特徵點，包括鼻子、眼睛、眉毛，以及嘴巴等等，如下圖紅點就是偵測出人臉的 68 個特徵點。可以按下「Esc」鍵會結束圖像視窗。圖框上方左邊的數字為偵測到的分數，分數越高判斷為人臉的機率越大，而右邊括號內的數字為人臉的方向，0 就為正面，其他數字則為不同方向的編號。

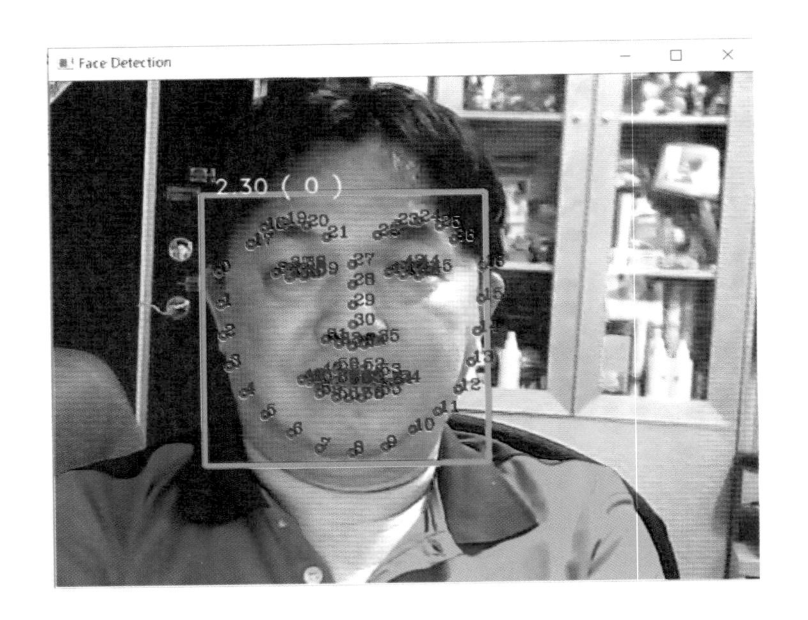

實作：採用 Dlib 套件進行靜態人臉辨識

1. 啟動 Spyder

2. 進入 Spyder 後，選擇工作目錄：.\opencv2

3. 進行安裝套件：scikit-image 套件

   在 IPython console 視窗中：輸入 !pip install scikit-image

   即可進行下載與安裝 scikt-image 套件。

   下圖中由於筆者事先已安裝完成，因此會有安裝路徑與版本出現。

IPython console

Console 1/A ×

```
In [8]: !pip install scikit-image
Requirement already satisfied: scikit-image in c:\users\suhome\anaconda3\lib
\site-packages (0.15.0)
Requirement already satisfied: pillow>=4.3.0 in c:\users\suhome\anaconda3\lib
\site-packages (from scikit-image) (5.1.0)
Requirement already satisfied: networkx>=2.0 in c:\users\suhome\anaconda3\lib
\site-packages (from scikit-image) (2.1)
Requirement already satisfied: imageio>=2.0.1 in c:\users\suhome\anaconda3\lib
\site-packages (from scikit-image) (2.3.0)
Requirement already satisfied: PyWavelets>=0.4.0 in c:\users\suhome
\anaconda3\lib\site-packages (from scikit-image) (0.5.2)
Requirement already satisfied: decorator>=4.1.0 in c:\users\suhome
\anaconda3\lib\site-packages (from networkx>=2.0->scikit-image) (4.3.0)
Requirement already satisfied: numpy>=1.9.1 in c:\users\suhome\anaconda3\lib
\site-packages (from PyWavelets>=0.4.0->scikit-image) (1.16.2)
```

提醒：如果出現下列錯誤訊息，嘗試用下面方法處理看看

error 1: ImportError: cannot import name '_validate_lengths'

修正方法: 更新 scikit-image 套件: 打開「命令提示字元」視窗，並輸入：

方法 1: conda install -c conda-forge scikit-image 或

方法 2: pip install -U scikit-image

error 2: ImportError: cannot import name 'img_as_float32'

修正方法: 更新 scikit-image 套件 重新開機應該可以修正。

4. 準備照片組 1（作為對照組）：在此先準備 4 位我的家庭成員的照片分別是：Father、Grandmother、Mother 與 Son（檔案命名很重要，人臉辨識後就是用檔名來作為辨識後的名稱）。將其檔案放入子資料夾 ./imgRec/ 內。

5. 準備照片組 2（作為被辨識組）：在此先準備 3 位成員的照片作為進行辨識的照片，將其檔案放入子資料夾 ./imgIn/ 內。

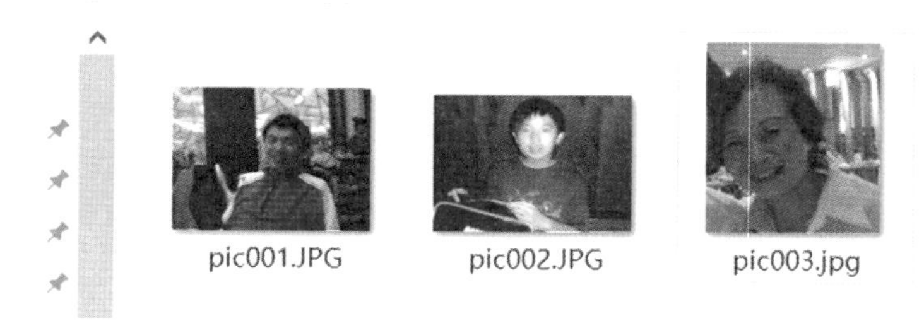

6. 進行人臉辨識方式：開啟「命令提示字元」視窗（同時按鍵盤「Win」+「r」鍵，鍵入「cmd」後按「確定」）。

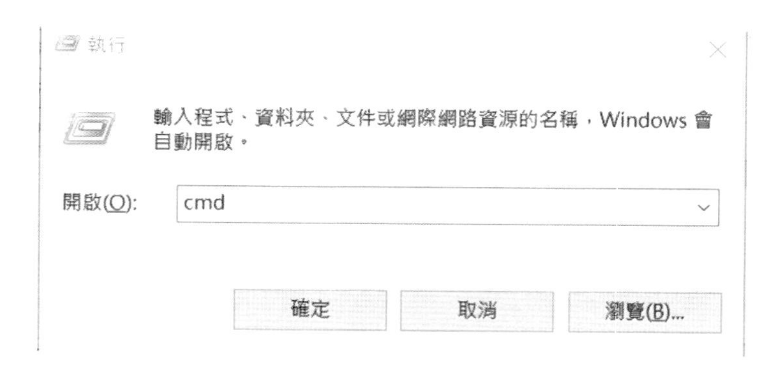

進入「命令提示字元」視窗後，進行切換路徑到工作目錄：.\opencv2（指令如下圖）

鍵入下列指令，即可進行 imgIn01.jpy 的人臉辨識：
「python A4-靜態人臉辨識-dlib.py .\imgIn\pic001.jpg」

命令提示字元 - python A4-靜態人臉辨識-dlib.py .\imgIn\pic001.jpg

```
D:\opencv2>python A4-靜態人臉辨識-dlib.py .\imgIn\pic001.jpg
```

按任意鍵即可結束。

鍵入下列指令，即可進行 pic02.jpy 的人臉辨識：

「python A4-靜態人臉辨識-dlib.py .\imgIn\pic002.jpg」

```
命令提示字元 - python  A4-靜態人臉辨識-dlib.py .\imgIn\pic002.jpg

D:\opencv2>python A4-靜態人臉辨識-dlib.py .\imgIn\pic002.jpg
```

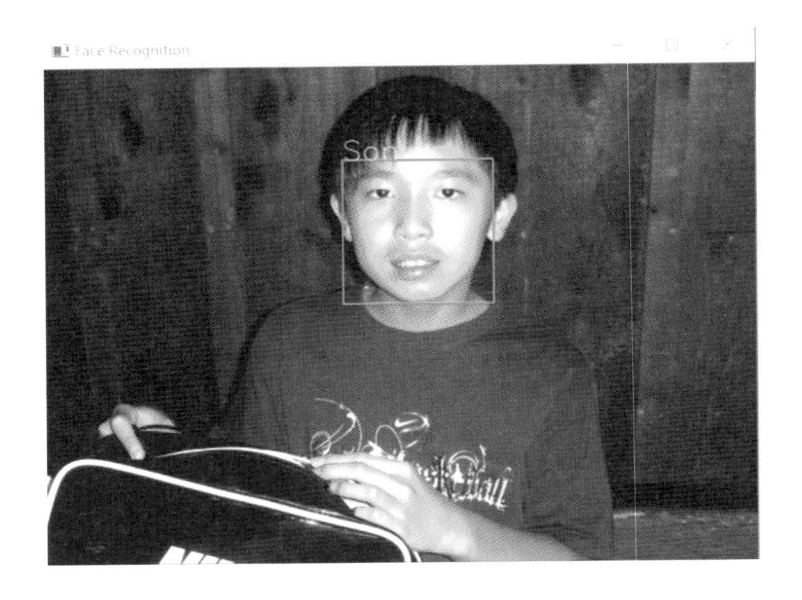

按任意鍵即可結束。

鍵入下列指令，即可進行 pic003.jpy 的人臉辨識：

「python A4-靜態人臉辨識-dlib.py .\imgIn\pic003.jpg」

命令提示字元

```
D:\opencv2>python A4-靜態人臉辨識-dlib.py .\imgIn\pic003.jpg
```

按任意鍵即可結束。

3-7 實作：應用 Azure 進行人臉辨識

以下採用微軟的 Azure 平台的產品，認知服務 (Cognitive Service) 中的臉部 API (Face API) 來進行人臉辨識的實作。

1. 建立微軟帳號：連結網址 https://account.microsoft.com/account?lang=zh-tw

2. 進入 Azure 認知服務平台：連結網址 https://azure.microsoft.com/zh-tw/try/cognitive-services/ 點選「臉部」的「取得 API 金鑰」，進入下個網頁。

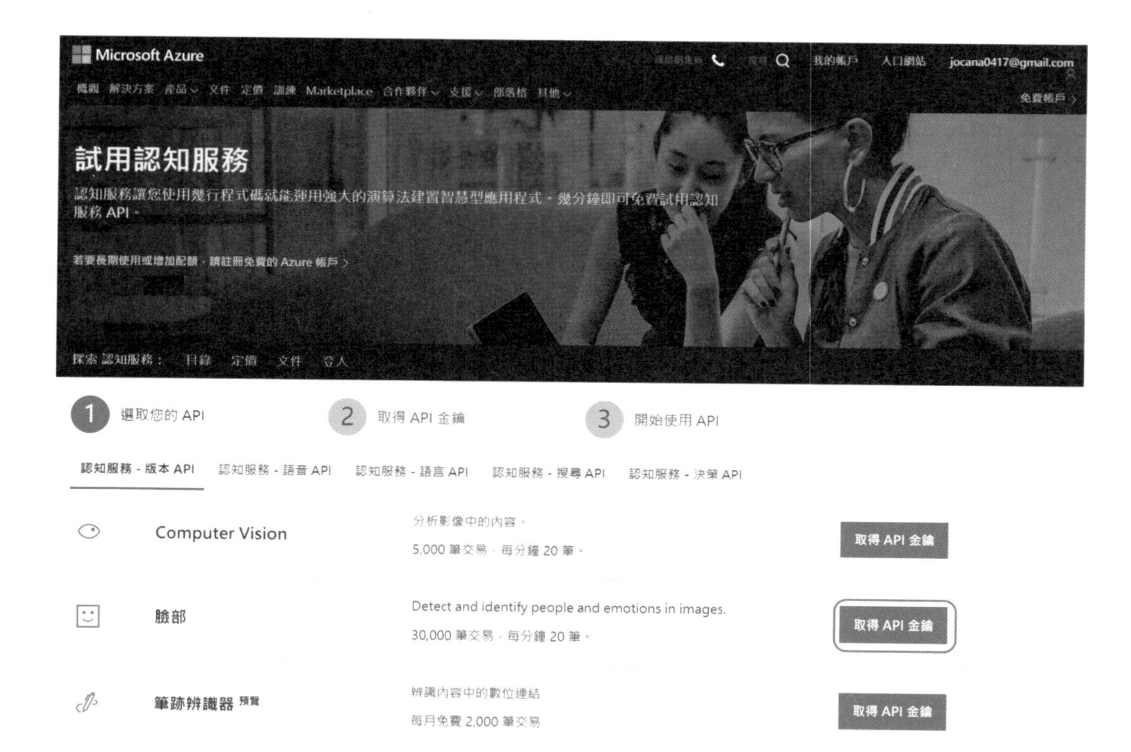

3. 選擇免費試用認知服務，有三種方案 (1) 訪客-7 天試用 (2) 免費的 Azure 帳戶-NT$0/月 (3) 現有的 Azure 帳戶，由於第 (1) 種方案不需要綁信用卡，可以直接練習實作比較方便，但資料是無法儲存。建議讀者可以建立一個免費的 Azure 帳戶（需要綁信用卡，但此功能是不收費的），雖然麻煩一點，但資料是可以建立儲存。

點選 訪客的開始使用，進入下頁。

4. 勾選我同意、我接受，找到國家名稱：臺灣，點選下一個，進入下頁。

×

Microsoft 認知服務條款

請檢閱免費試用的服務條款。

1 ☑ 我同意遵守 Microsoft 線上訂用帳戶合約的規範使用此免費試用版，該合約也包含線上服務條款。對於預覽版，會套用預覽版補充條款中的其他條款。

所有標示 * 的欄位均為必填項目

選取您的國家/地區

國家/地區 *

2 台灣

我想要取得企業和組織解決方案與其他 Microsoft 產品和服務的相關資訊、秘訣和優惠。隱私權聲明

3 ☑ 我接受

5. 點選 Microsoft 後，填入你的微軟帳號密碼，可以進入下頁頁面，獲得臉部 API 的端點與金鑰。

×

登入以繼續

以您慣用的帳戶登入即可開始使用

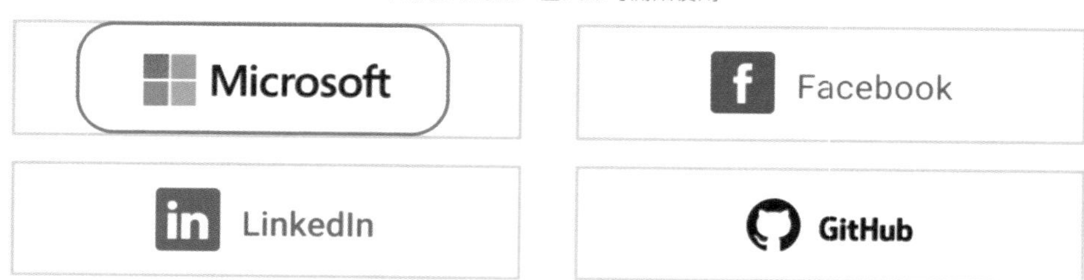

6. （重要資訊）趕快記錄你的端點與金鑰（有 2 個，通常使用金鑰 1 即可）

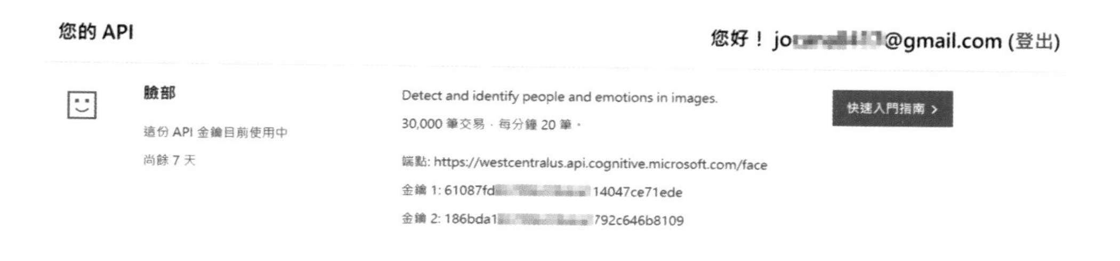

由於是免費使用（且帳號不綁信用卡），金鑰在 7 天後即失效。

7. 啟動 Spyder

8. 進入 Spyder 後，選擇工作目錄：.\opencv2

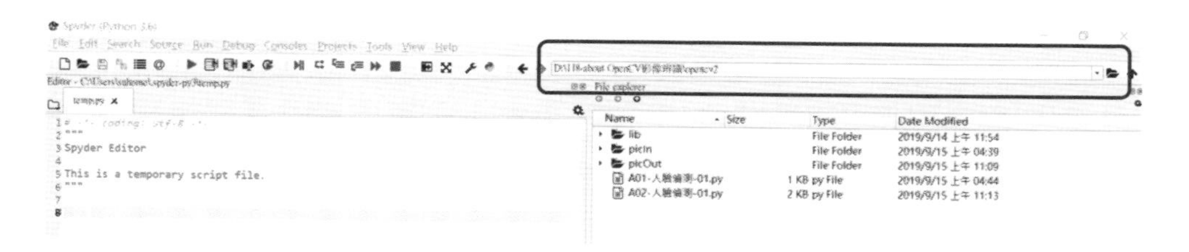

9. 開啟檔案：D01-Azure-1-建立 Azure 雲端平台上之群組 .py

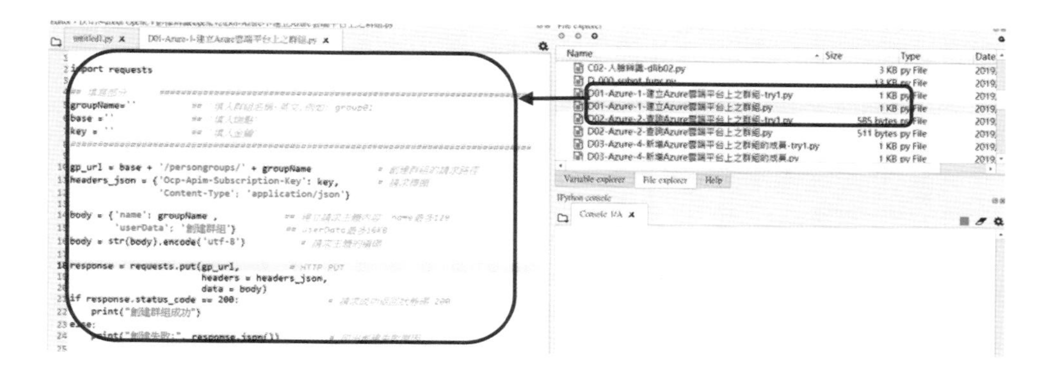

10. 填寫 群組名稱 (groupName)、填入端點 (base) 與 金鑰 1(key) 後（步驟 6 中網頁獲取的端點與金鑰），點選 Spyder 上方綠色三角形鍵進行執行程式：

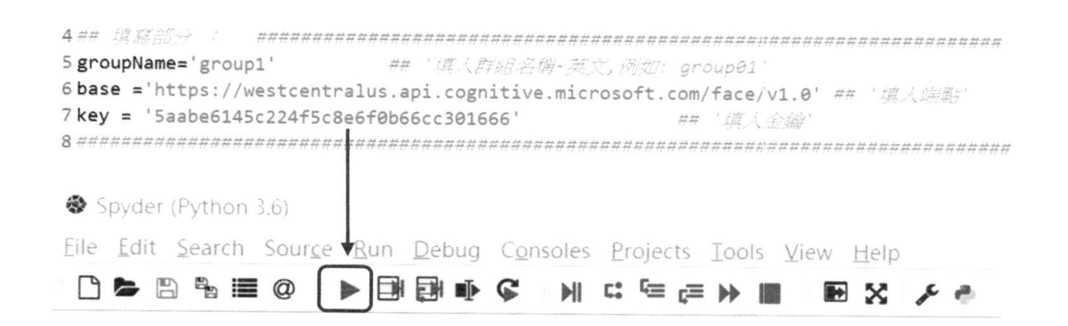

IPython console 內會得到下面回應，表示創建群組 group1 完成：

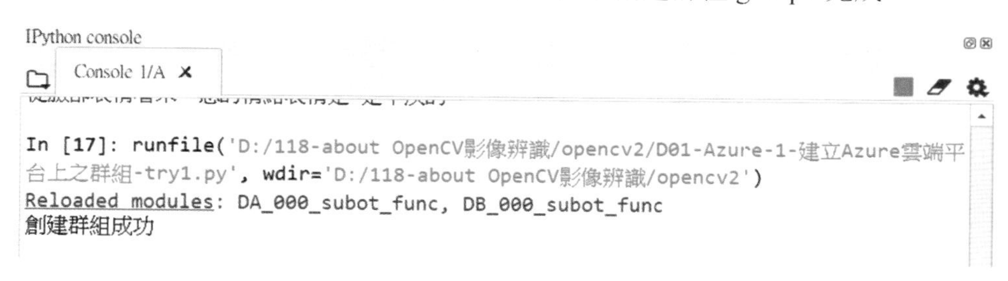

11. 開啟檔案：D03-Azure-4-新增 Azure 雲端平台上之群組的成員 .py

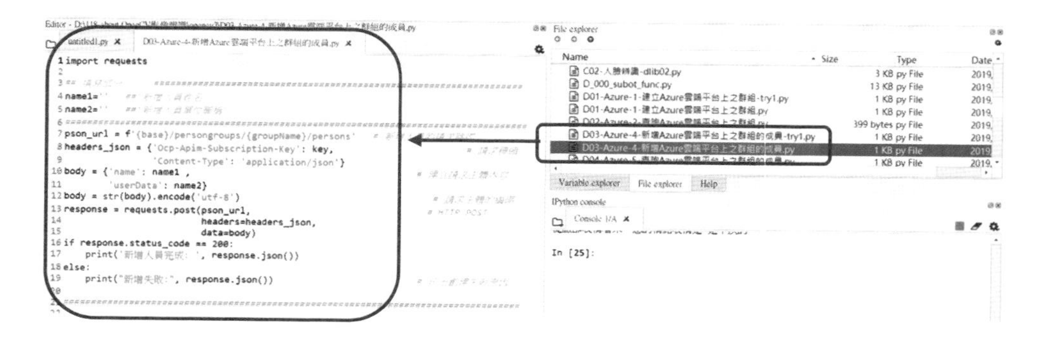

12. 填寫新增人員的姓名 (name1) 與單位職稱 (name2) 後，點選 Spyder 上方綠色三角形鍵進行執行程式：

IPython console 內會得到下面回應，表示人員姓名新增完成：

其中，'personId': 'cf90a43a-1c3f-4107-b6f6-8d363d91ba12' 是新增人員的 personId，務必記錄下來。

13. 開啟檔案：D05-人臉辨識-採用攝影機建立 Azure 上的人臉資料 .py

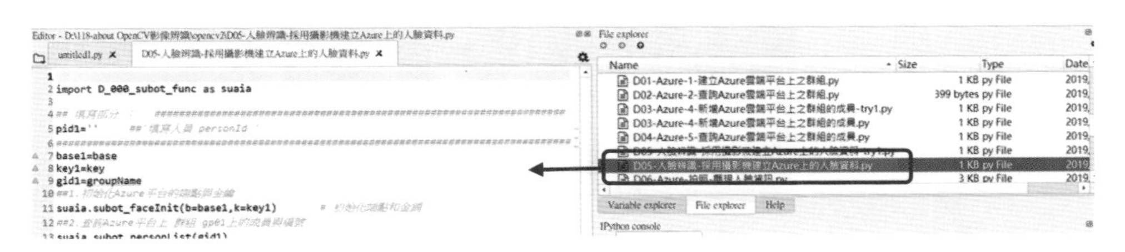

14. 填寫新增人臉人員的 personId (pid1) 後，點選 Spyder 上方綠色三角形鍵進行執行程式：

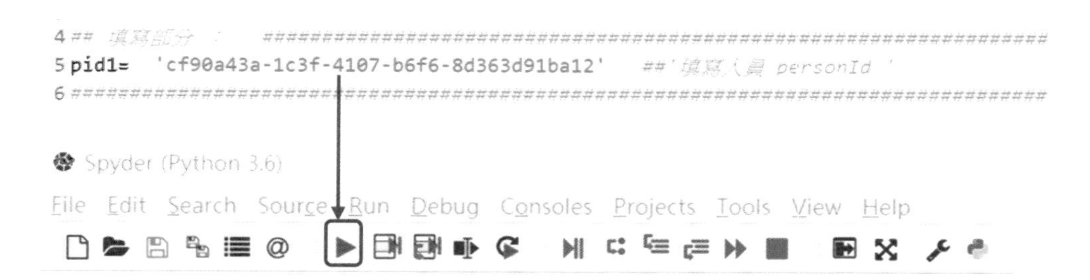

會開啟視窗進行偵測與擷取人臉，當畫面出現秒數倒數時，表示準備將擷取到的人臉傳送到 Sever 進行人臉訓練，當畫面靜止時表示傳送中，當畫面又恢復可以正常表示又開始進行偵測與擷取人臉。建議你至少傳送 5 張到 Server上進行訓練，可以增加爾後的辨識率。如果確認完成後，按 Q 鍵即可離開。

IPython console 內會得到下面回應，表示人員的人臉新增完成：

```
IPython console
Console 1/A
新增臉部成功: {'persistedFaceId': '297fc860-98e2-455a-b3da-a056517ec028'}
新增臉部成功: {'persistedFaceId': '5ac02fce-9123-40c2-840a-479899d8ede9'}
新增臉部成功: {'persistedFaceId': '8d8726e3-c751-4efb-ba76-c8bdb4f70760'}
新增臉部成功: {'persistedFaceId': '18d264bf-d59a-4e5a-bd00-e13e02cc21f0'}
exit
開始訓練...
訓練結果: {'status': 'succeeded', 'createdDateTime':
'2019-10-01T01:08:05.4653654Z', 'lastActionDateTime':
'2019-10-01T01:08:05.729586Z', 'message': None}
```

15. 開啟檔案：D06-Azure-拍照-顯現人臉資訊 .py

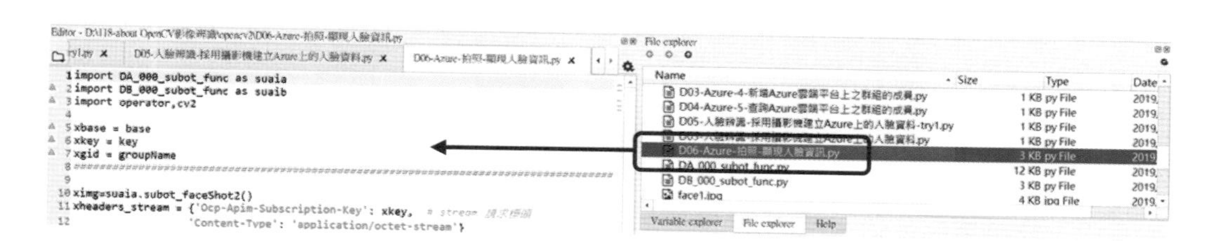

16. 點選 Spyder 上方綠色三角形鍵進行執行程式，會開啟視窗進行偵測與擷取人臉，準備進行辨識：

待準備完成後，按下 Q 鍵即可將人臉送到 sever 端進行辨識。辨識完成後，會將辨識結果在 IPython console 中：

附錄 A　人臉偵測與辨識實作——Window 10 系統 (64 Bit) 電腦環境安裝說明

Window 10系統 (64 Bit) 上安裝 Anaconda+Python3.7+MS Visual Studio2019+CMake+dlib 示範

下載 Anaconda (Python3.7)

下載網址：https://www.anaconda.com/products/individual

進入頁面後，點選 Download，再選擇符合你的作業系統，在此是以 Window 10 系統 (64-Bit) 為例，故點選「64-Bit Graphical Installer (466MB)」：

Windows

Python 3.7

64-Bit Graphical Installer (466 MB)

32-Bit Graphical Installer (423 MB)

MacOS

Python 3.7

64-Bit Graphical Installer (442 MB)

64-Bit Command Line Installer (430 MB)

檔案名稱：Anaconda3-2020.02-Windows-x86_64.exe

安裝 Anaconda (Python3.7)

1. 點選「Anaconda3-2020.02-Windows-x86_64.exe」即可啟動安裝。

2. 出現下一個對話框中，點選「Next」：

Anaconda3 2020.02 (64-bit) Setup

ANACONDA.

Welcome to Anaconda3 2020.02 (64-bit) Setup

Setup will guide you through the installation of Anaconda3 2020.02 (64-bit).

It is recommended that you close all other applications before starting Setup. This will make it possible to update relevant system files without having to reboot your computer.

Click Next to continue.

Next > Cancel

3. 出現下一個對話框中，點選「I Agree」：

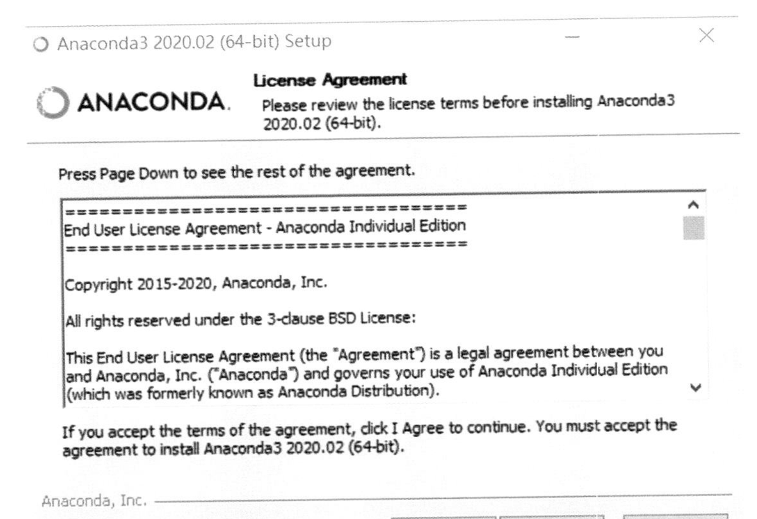

4. 出現下一個對話框中，點選「Next」：

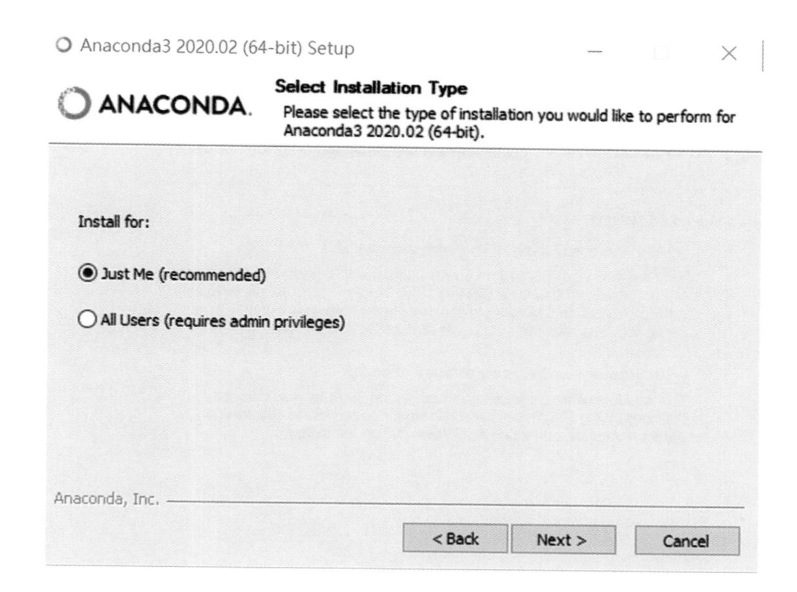

5. 出現下一個對話框中，點選「Next」：

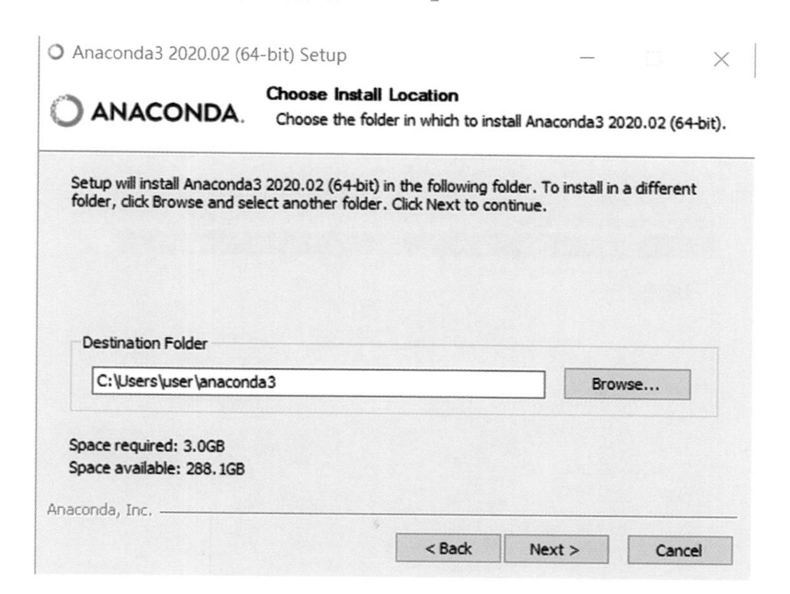

6. 出現下一個對話框中，先勾選第一個項目 (Add An…)，再點選「Install」：

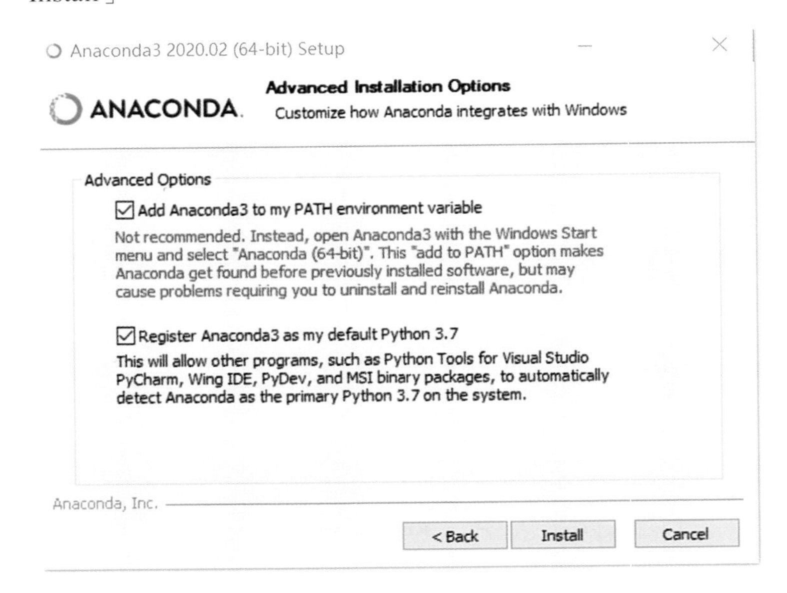

7. 開始進行安裝：

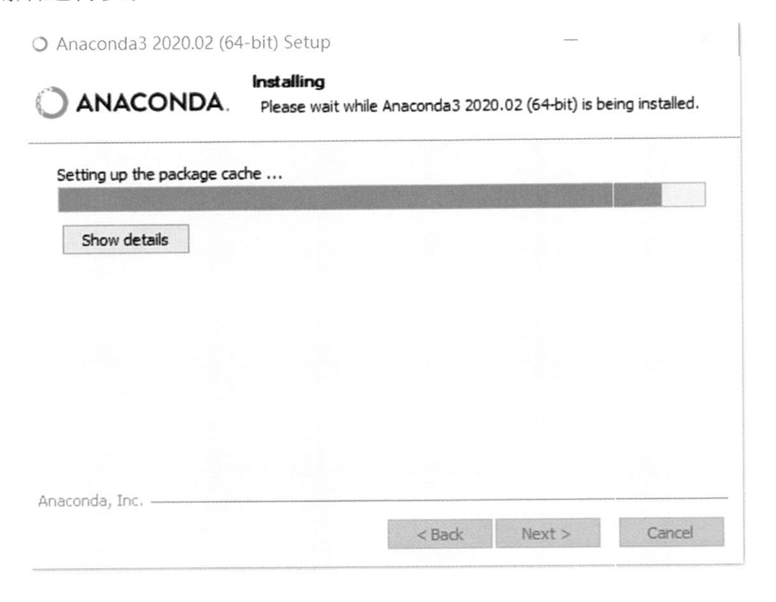

8. 安裝完成後，在下個對話框中，點選「Next」：

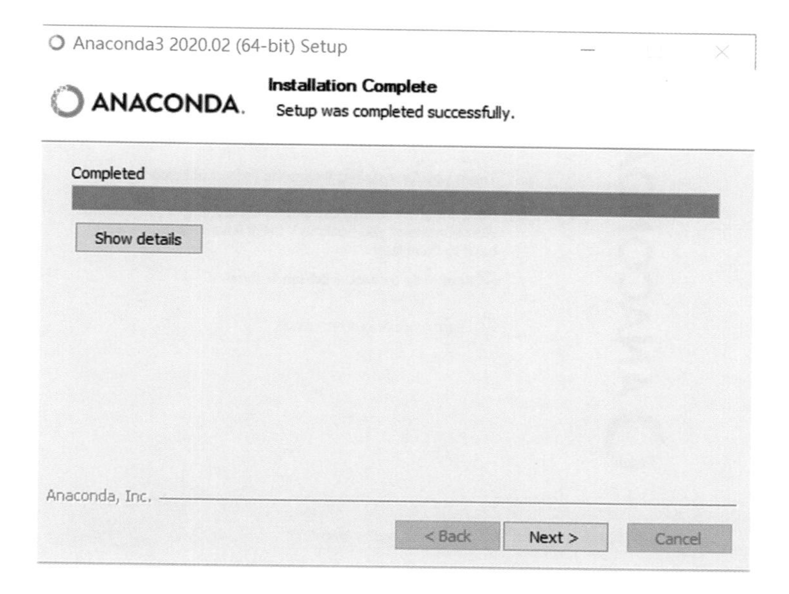

9. 出現下一個對話框中，點選「Next」：

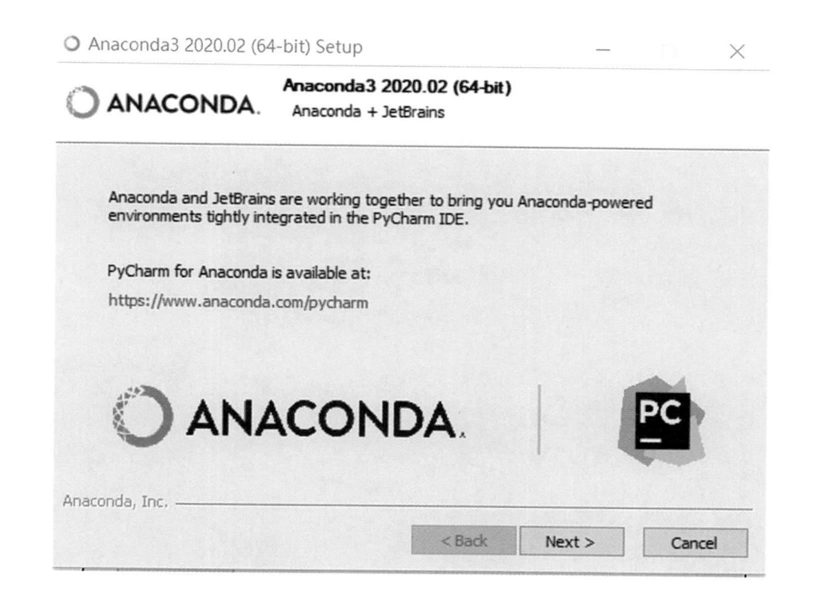

10. 出現下一個對話框中，點選「Finish」後，安裝完成。

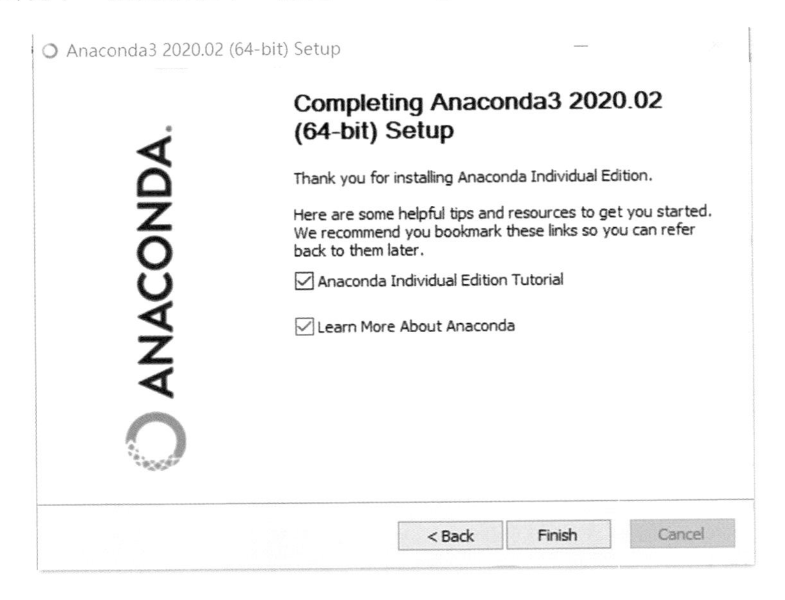

11. 檢查安裝是否成功：啟動 Spyder

點選「開始」→「Anaconda3(64-bit)」→「Spyder (anaconda3)」，如果看到下面頁面，表示安裝 Anaconda (Python3.7) 成功。

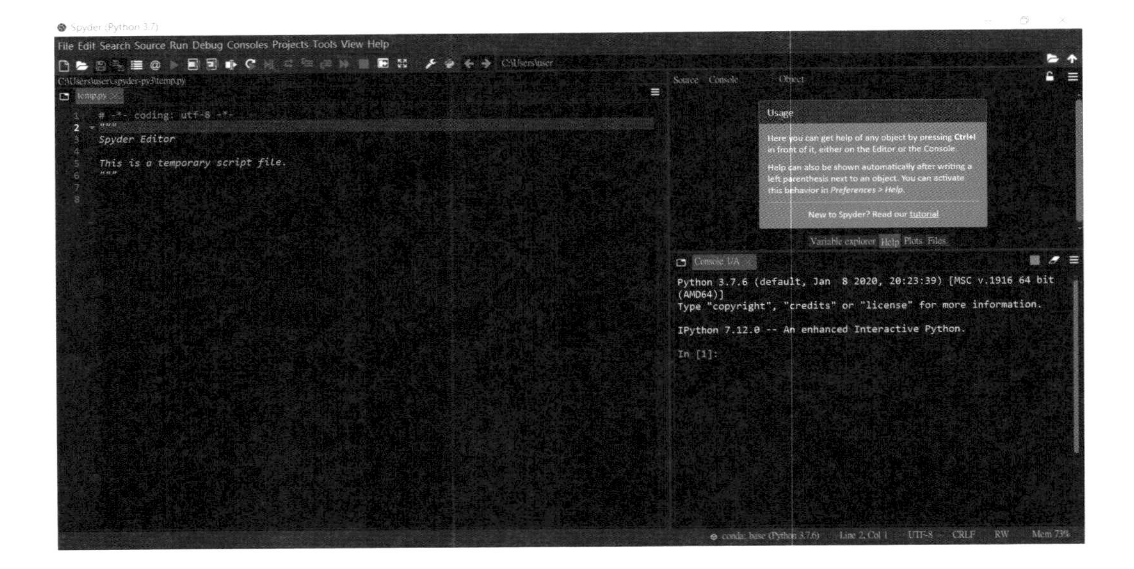

下載 Microsoft Visual Studio Community 2019

下載網址：https://visualstudio.microsoft.com/zh-hant/downloads/

進入頁面後，點選「社群」下的「免費下載」，即可進行下載安裝檔案：

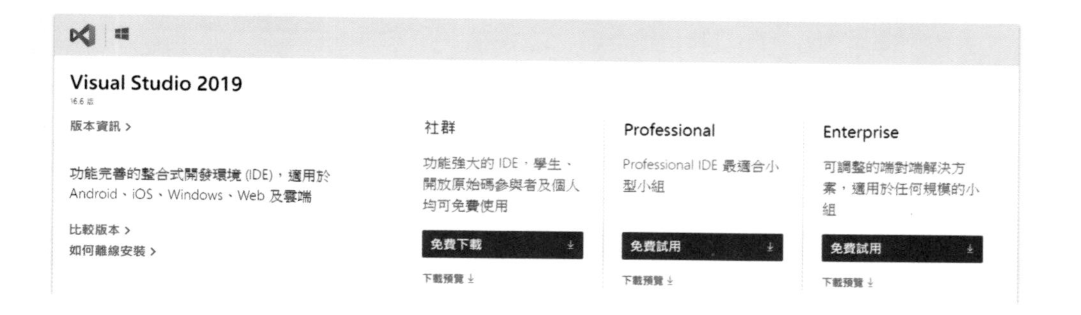

檔案名稱：vs_community__255774464.1458931747.exe

安裝 Microsoft Visual Studio Community 2019

1. 點選「vs_community__255774464.1458931747.exe」即可啟動安裝。

2. 出現下一個對話框中，點選「繼續」，進行下載與安裝準備作業：

×

Visual Studio Installer

在您開始之前，我們需要設定一些項目，以便您設定安裝。

如需深入了解隱私權，請參閱 Microsoft 隱私權聲明。
繼續進行即表示您同意 Microsoft 軟體授權條款。

繼續(O)

Visual Studio Installer

檔案已下載... 正在解壓縮及安裝。

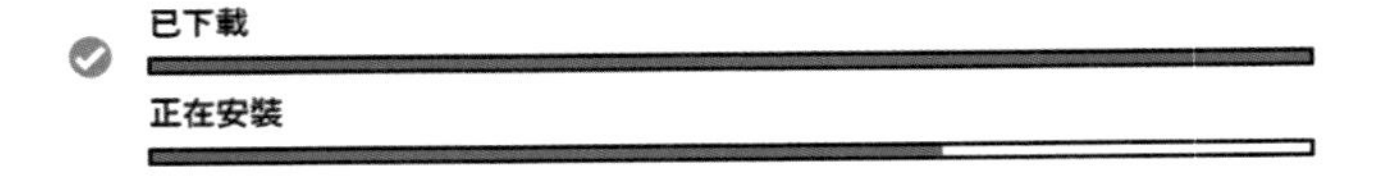

3. （非常重要）出現下一個對話框中，必須在「工作負載」頁面中，勾選下列項目（筆者建議）：ASP.NET 與網頁程式開發、Azure 開發、Python 開發、.NET 桌面開發、使用 C++ 的桌面開發（必選）、其他可以自選，勾選後再點選「安裝」，進行下載與安裝準備作業：（選越多項目安裝時間越久、需求空間越大，依照筆者的筆電大約安裝快 1 小時）

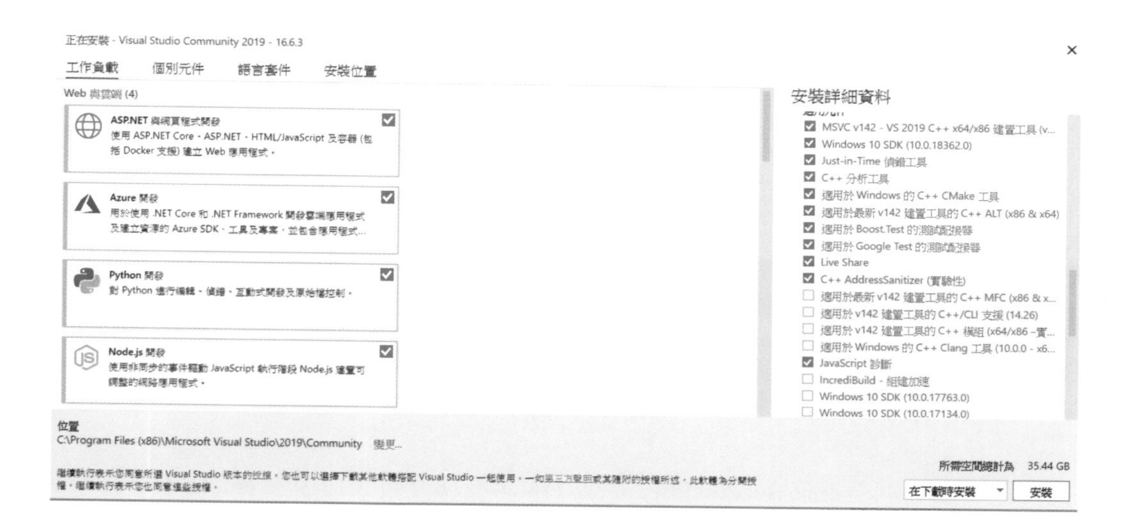

安裝 Python 相關套件

開啟「命令提示字元」：點選 win 鍵＋「R」 鍵入「cmd」

1. opencv 套件：

在「命令提示字元」中鍵入「pip install opencv_python」再按下 Enter 鍵

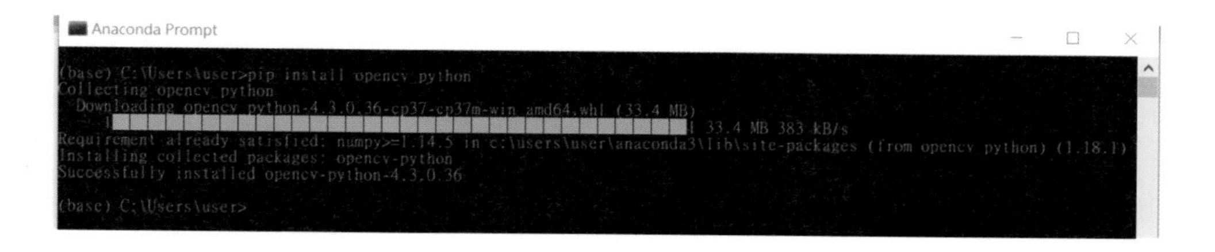

提醒：必須有 Successfully 字樣，表示成功安裝 4.3.0.36 版 opencv 套件

2. Cmake 套件：

在「命令提示字元」中鍵入「pip install cmake」再按下 Enter 鍵

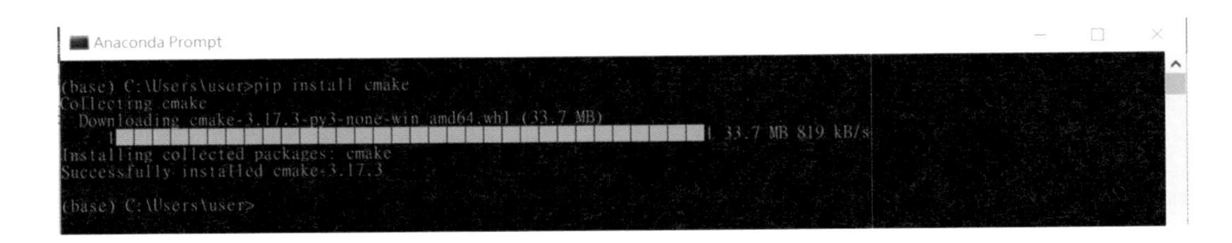

提醒：必須有 Successfully 字樣，表示成功安裝 3.17.3 版 cmake 套件

3. Dlib 套件：

在「命令提示字元」中鍵入「pip install dlib」再按下 Enter 鍵

提醒：安裝時間稍長，必須有 Successfully 字樣，表示成功安裝 19.20.0 版 dlib 套件

4. imutils 套件：

在「命令提示字元」中鍵入「pip install imutils」再按下 Enter 鍵

Anaconda Prompt

```
(base) C:\Users\user>pip install imutils
Collecting imutils
  Downloading imutils-0.5.3.tar.gz (17 kB)
Building wheels for collected packages: imutils
  Building wheel for imutils (setup.py) ... done
  Created wheel for imutils: filename=imutils-0.5.3-py3-none-any.whl size=25856 sha256=5d7e16a2a25ee769e62279565273f9b9e
04480001c558e77ca00c56b3b6bd752
  Stored in directory: c:\users\user\appdata\local\pip\cache\wheels\fc\9c\6d\1826267c72afa51b564c9c6e0f66abc806879338bc5
93a2270
Successfully built imutils
Installing collected packages: imutils
Successfully installed imutils-0.5.3

(base) C:\Users\user>
```

提醒：必須有 Successfully 字樣，表示成功安裝 0.5.3 版 imutils 套件

附錄 B　人臉偵測與辨識實作——MacOS 系統電腦環境安裝說明

MacOS 系統上安裝 Anaconda＋Python3.7＋CMake＋dlib 示範

下載 Anaconda (Python3.7)

下載網址：https://www.anaconda.com/products/individual

進入頁面後，點選 Download，再選擇符合你的作業系統，在此是以 MacOS 為例，故點選「64-Bit Graphical Installer (442MB)」：

Anaconda Installers

Windows	MacOS	Linux
Python 3.7	Python 3.7	Python 3.7
64-Bit Graphical Installer (466 MB)	64-Bit Graphical Installer (442 MB)	64-Bit (x86) Installer (522 MB)
32-Bit Graphical Installer (423 MB)	64-Bit Command Line Installer (430 MB)	64-Bit (Power8 and Power9) Installer (276 MB)

檔案名稱：Anaconda3-2020.02-MacOSX-x86_64.pkg

安裝 Anaconda (Python3.7)

1. 點選「Anaconda3-2020.02-MacOSX-x86_64.pkg」即可啟動安裝。

2. 出現下一個對話框中，點選「繼續」：

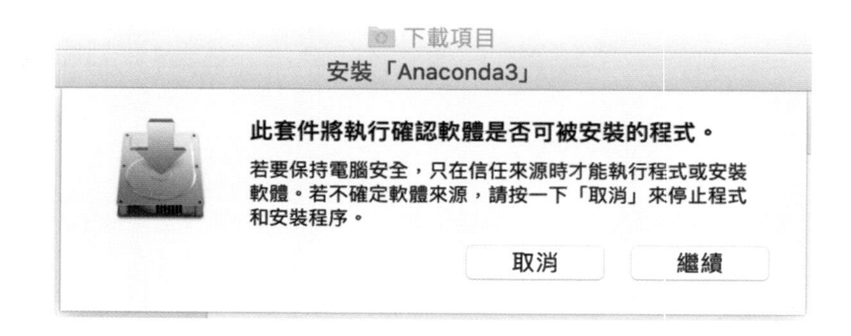

3. 出現下一個對話框中，點選「繼續」：

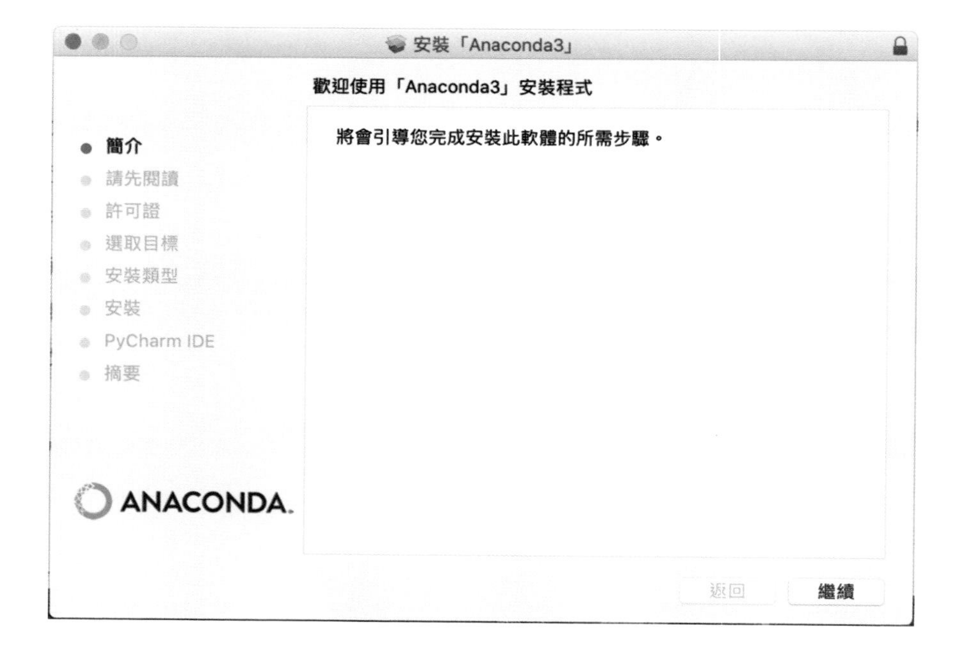

4. 出現下一個對話框中，點選「繼續」：

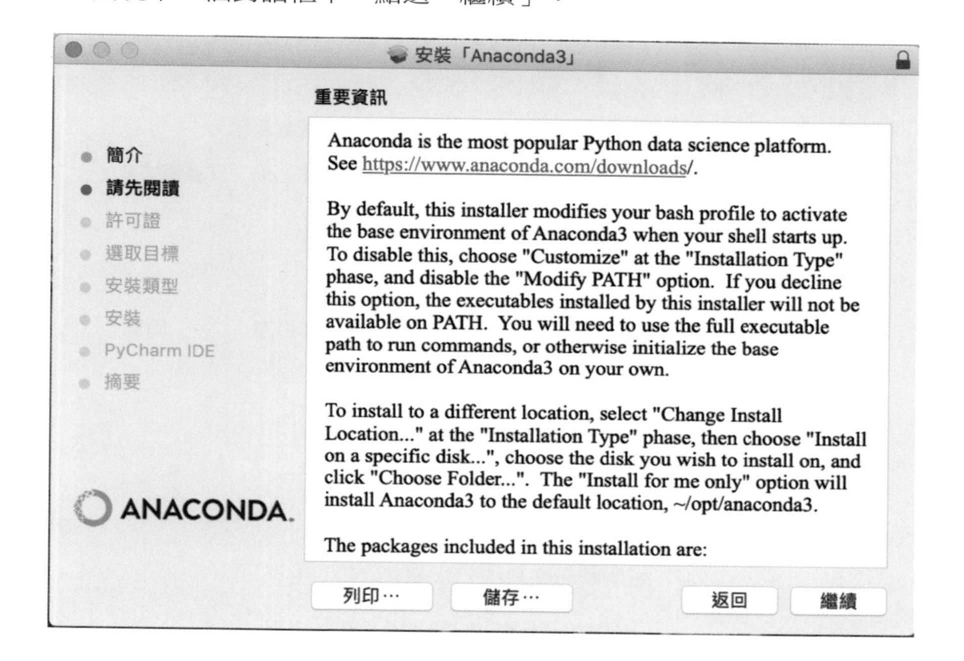

5. 出現下一個對話框中，點選「繼續」：

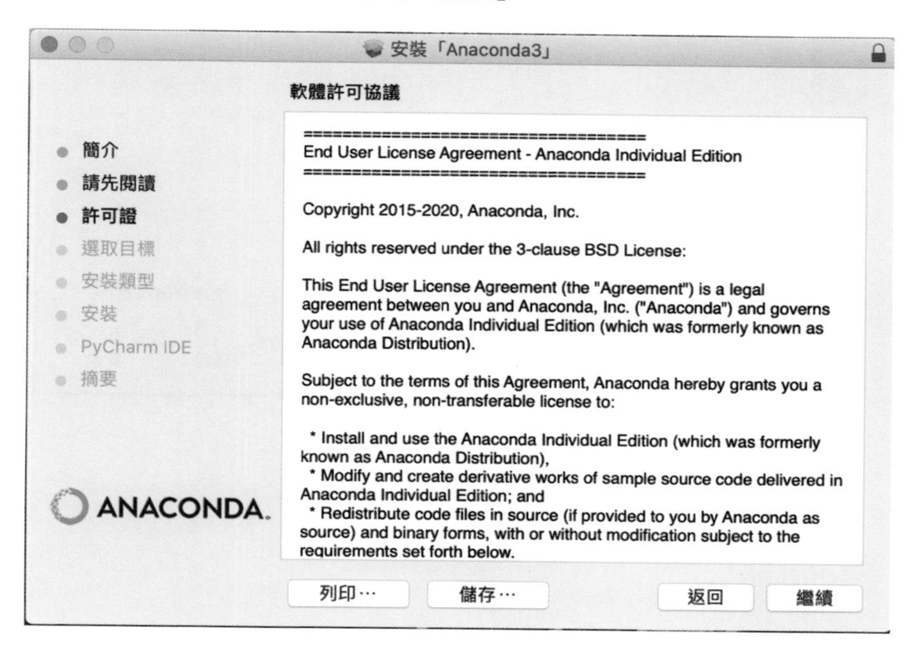

6. 出現下一個對話框中，點選「同意」：

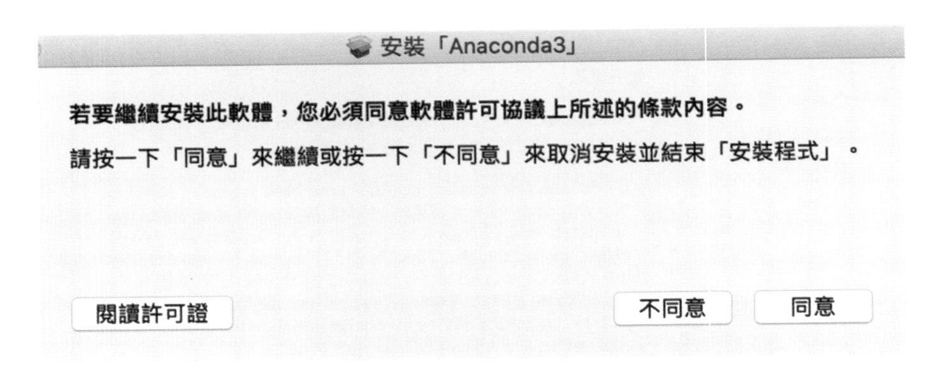

7. 出現下一個對話框中，點選「安裝」：

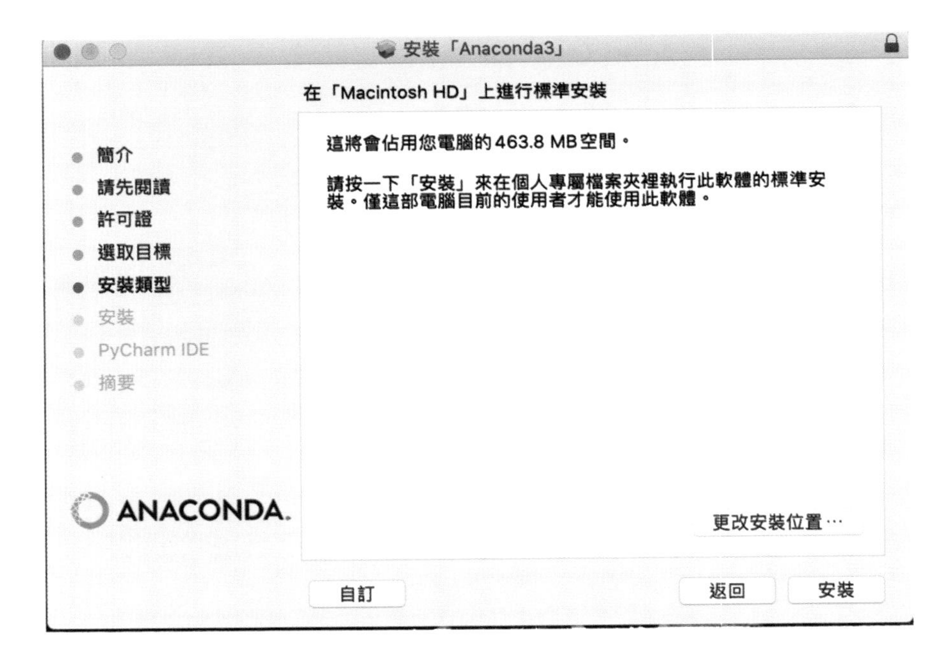

8. 開始進行安裝：

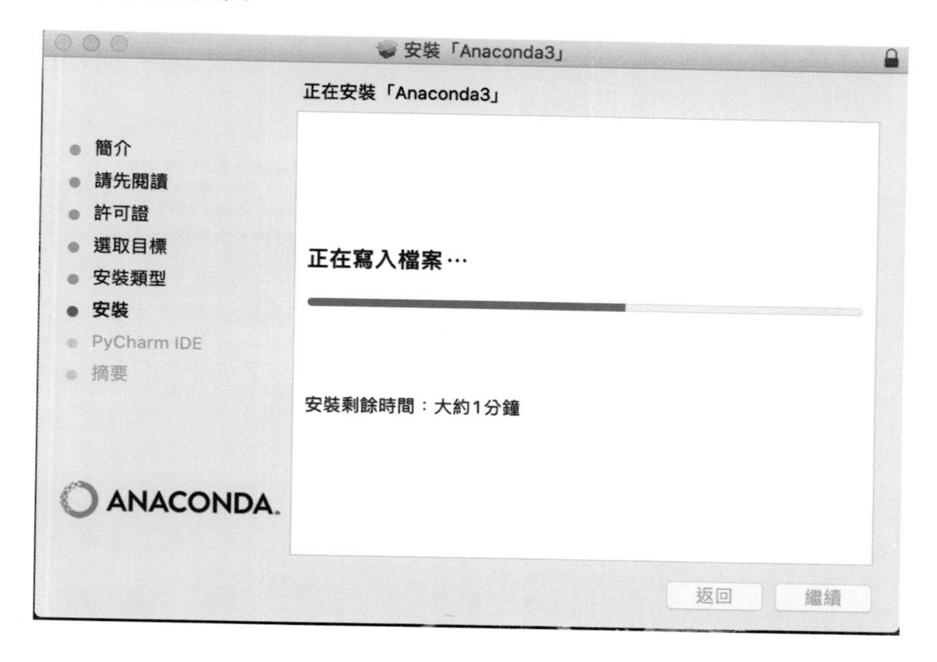

9. 出現下一個對話框中，點選「繼續」：

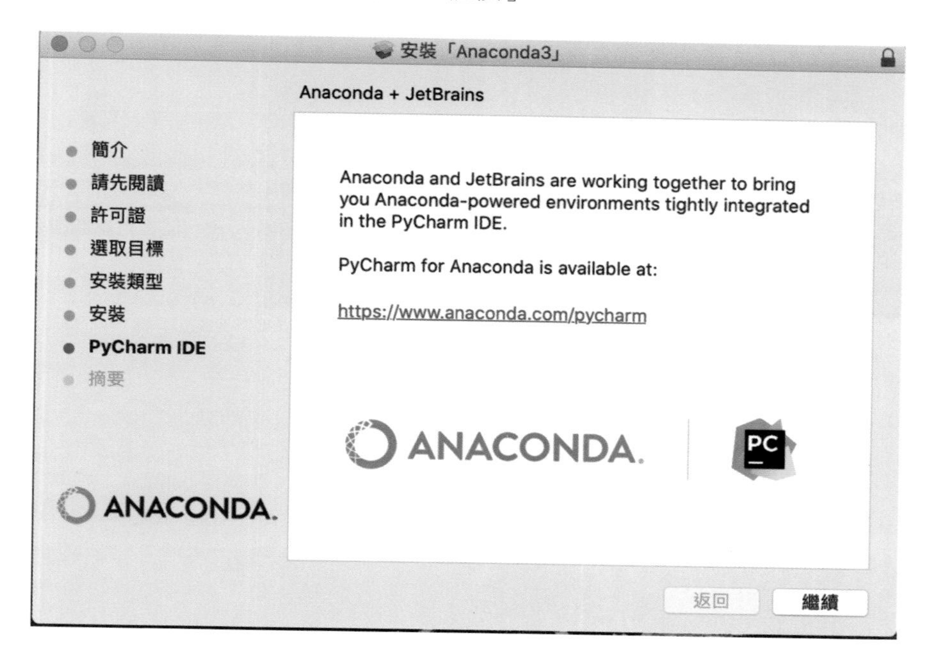

10. 出現下一個對話框中，點選「離開」後，安裝完成。

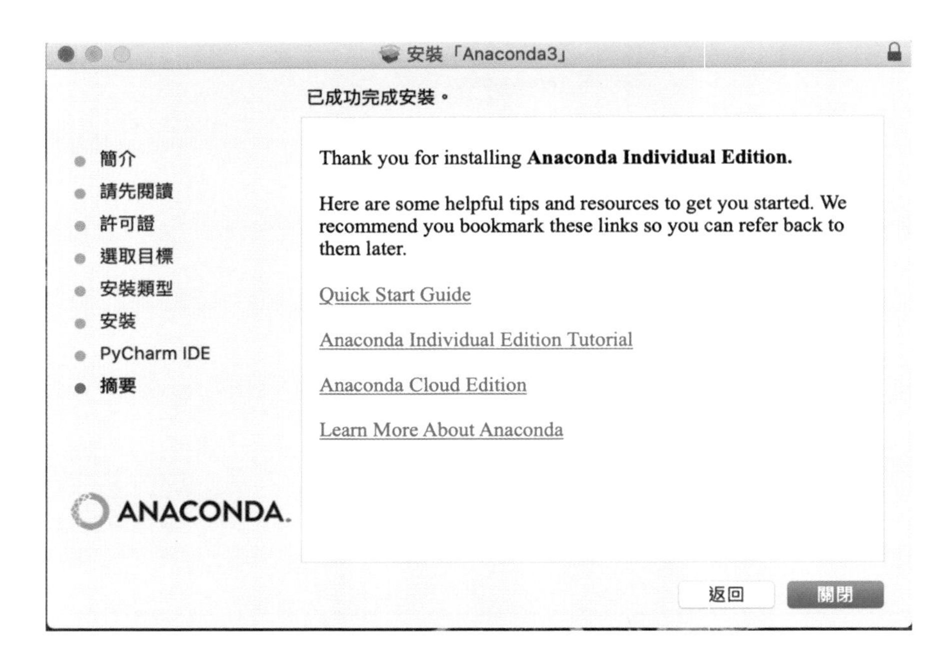

11. 檢查安裝是否成功：啟動 Spyder：點選

如果看到下面頁面，表示安裝 Anaconda (Python3.7) 成功。

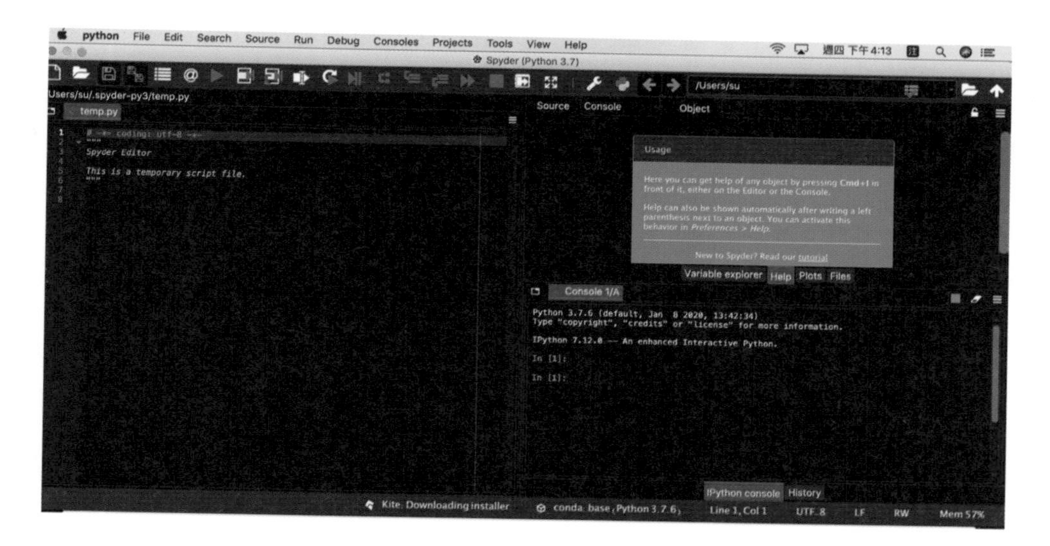

安裝 Python 相關套件（必須按照下列順序安裝）

開啟「終端機」：點選放大鏡→鍵入「終端機」，出現下列圖示，點選第一個項目：終端機

1. opencv 套件：在「終端機」中鍵入
「pip install opencv-contrib-python-headless==4.1.0.25」，再按下 Enter 鍵，如下圖所示，進行安裝作業：

```
su — -zsh — 80×24
Last login: Thu Jul  9 15:46:29 on console
(base) su@iMac ~ % pip install opencv-contrib-python-headless==4.1.0.25
Collecting opencv-contrib-python-headless==4.1.0.25
  Downloading opencv_contrib_python_headless-4.1.0.25-cp37-cp37m-macosx_10_7_x86
_64.macosx_10_9_intel.macosx_10_9_x86_64.macosx_10_10_intel.macosx_10_10_x86_64.
whl (55.9 MB)
     |████████████████████████████████| 55.9 MB 23 kB/s
Requirement already satisfied: numpy>=1.14.5 in ./opt/anaconda3/lib/python3.7/si
te-packages (from opencv-contrib-python-headless==4.1.0.25) (1.18.1)
Installing collected packages: opencv-contrib-python-headless
Successfully installed opencv-contrib-python-headless-4.1.0.25
(base) su@iMac ~ %
```

提醒：必須有 Successfully 字樣，表示成功安裝 4.1.0.25 版 opencv 套件

2. 安裝「Homebrew」：（參考網頁：https://brew.sh/index_zh-tw）
在「終端機」中鍵入：「/bin/bash -c "$(curl -fsSL https://raw.githubusercontent.com/Homebrew/install/master/install.sh)"」，
再按下 Enter 鍵，如下圖所示，進行安裝作業：

```
su — git ◂ bash -c #!/bin/bash\012set -u\012\0
(base) su@iMac ~ % /bin/bash -c "$(curl -fsSL https
Homebrew/install/master/install.sh)"
Password:
==> This script will install:
/usr/local/bin/brew
/usr/local/share/doc/homebrew
/usr/local/share/man/man1/brew.1
/usr/local/share/zsh/site-functions/_brew
```

提醒：必須有 Successfully 字樣，表示成功安裝 Homebrew

3. xquartz 套件：

在「終端機」中鍵入：「brew cask install xquartz」，再按下 Enter 鍵，如下圖所示，進行安裝作業：

```
su — installer ◂ ruby -W0 --disable=gems,did_you_mean,rubyopt /usr/local/Ho...
(base) su@iMac ~ % brew cask install xquartz
Updating Homebrew...
==> Tapping homebrew/cask
Cloning into '/usr/local/Homebrew/Library/Taps/homebrew/homebrew-cask'...
remote: Enumerating objects: 450129, done.
remote: Total 450129 (delta 0), reused 0 (delta 0), pack-reused 450129
Receiving objects: 100% (450129/450129), 204.19 MiB | 4.64 MiB/s, done.
Resolving deltas: 100% (319029/319029), done.
Updating files: 100% (3698/3698), done.
Tapped 1 command and 3606 casks (3,723 files, 219.0MB).
==> Downloading https://dl.bintray.com/xquartz/downloads/XQuartz-2.7.11.dmg
==> Downloading from https://d29vzk4ow07wi7.cloudfront.net/32e50e8f1e21542b84704
######################################################################## 100.0%
==> Verifying SHA-256 checksum for Cask 'xquartz'.
==> Installing Cask xquartz
==> Running installer for xquartz; your password may be necessary.
==> Package installers may write to any location; options such as --appdir are i
Password:
```

4. gtk+3 與 boost 套件：

在「終端機」中鍵入：「brew install gtk+3 boost」，再按下 Enter 鍵，如下圖所示，進行安裝作業：

5. dlib 套件：

在「終端機」中鍵入：「brew install dlib」，再按下 Enter 鍵，如下圖所示，進行安裝作業：

```
su — -zsh — 80×24
(base) su@iMac ~ % brew install dlib
Updating Homebrew...
==> Auto-updated Homebrew!
Updated 2 taps (homebrew/core and homebrew/cask).
==> New Formulae
chrony
```

6. pip cmake 套件：

在「終端機」中鍵入：「pip install cmake」，再按下 Enter 鍵，如下圖所示，進行安裝作業：

```
(base) su@iMac ~ % pip install cmake
Collecting cmake
  Downloading cmake-3.17.3-py3-none-macosx_10_6_x86_64.whl (41.8 MB)
     |████████████████████████████████| 41.8 MB 3.0 MB/s
Installing collected packages: cmake
Successfully installed cmake-3.17.3
```

6. pip dlib 套件：

在「終端機」中鍵入：「pip install dlib」，再按下 Enter 鍵，如下圖所示，進行安裝作業：

```
(base) su@iMac ~ % pip install dlib
Collecting dlib
  Using cached dlib-19.20.0.tar.gz (3.2 MB)
Building wheels for collected packages: dlib
  Building wheel for dlib (setup.py) ... done
  Created wheel for dlib: filename=dlib-19.20.0-cp37-cp37m-macosx_10_15_x86_64.w
hl size=3612536 sha256=99f833d8b05a9a125840eb609dfab4b0d422a7fcc50acb1a7eba55057
08ce743
  Stored in directory: /Users/su/Library/Caches/pip/wheels/f6/df/e5/b6a2caf3d0e3
0418548b8a46a86ed0b9ca4cadfe3ee6e4484c
Successfully built dlib
Installing collected packages: dlib
Successfully installed dlib-19.20.0
(base) su@iMac ~ %
```

CHAPTER 4

語音辨識原理與應用

4-1 語音辨識原理

AI 應用領域主要可分為語音辨識、影像辨識以及自然語言處理等三部分。

語音辨識部分，透過多年來語音辨識競賽 CHiME 的研究，已經有了等同人類的辨識度（CHiME，是針對實際生活環境下的語音辨識，所進行評測的國際語音辨識競賽）。此外，Apple、Google、Amazon 也相繼提出可應用於日常生活的服務，因此其成熟度已達到實用等級。

語音辨識 (speech recognition) 技術，也被稱為自動語音辨識（英語：Automatic Speech Recognition, ASR）、電腦語音識別（英語：Computer Speech Recognition）或是語音轉文字識別（英語：Speech To Text, STT），其目標是以電腦自動將人類的語音內容轉換為相應的文字。與說話人辨識及說話人確認不同，後者嘗試辨識或確認發出語音的說話人而非其中所包含的詞彙內容。

語音識別的技術原理是什麼？自動語音辨認技術 (ASR，Automatic Speech Recognition) 是一種經過讓機器經過辨認和了解的過程，把人類的語音信號轉變為相應文本的技術。我們先來看看語音辨認的歷史。

其實早在計算機創造之前，有關 ASR 技術的理念就曾經降生了，而早期的聲碼器就能夠被視為是語音辨認及合成的雛形。而 1920 年代消費的 "Radio Rex" 玩具狗，可能是最早的語音辨認器，當這隻狗的名字被召喚的時分，它可以從底座上彈出來。

但毫無疑問 60 年代計算機的開展推進了語音辨認技術技術，這其中最重要的一個里程碑就是動態規劃技術 (DP) 和線性預測剖析技術 (LP)，後者又開展出了更成熟的動態時間歸正技術 (DTW)，包括矢量量化 (VQ) 和隱馬爾可夫模型 (HMM) 理論。但這些還都只是單調又晦澀的算法，換句話說，工程師看到這些玩意也一頭霧水，基本沒方法快速在應用到理論裡。

所以在 80 年代時，著名的 AT&T Bell 實驗室經過努力，把本來深奧無比的 HMM 純數學模型工程化，為應用開發打下了重要的基石。到 90 年代時，深度神經網絡技術的打破性展開，終於把語音辨認技術本來的難關攻破了。所以我們會發現，從 21 世紀後語音辨認技術的展開就急速加快了。

其實語音辨認技術原理並沒有很複雜。不管是微軟家的 Cortana、三星家的 S-voice 蘋果家的 Siri，還是國內一些獨立做語音辨認的比方訊飛、Rokid，在原理在實質上沒有幾差別：就是語音輸入後，停止特徵提取，將提取的特徵值放進模型庫裡，再不時地停止鍛鍊和匹配，最終解碼得到結果[1]。

假如要細說的話就較為複雜了，模型庫中又分為聲學模型和言語模型。其中言語模型是依據不同品種的言語，對詞串停止統計建模，目前普遍採用的是基於 (n-1) 階馬爾可夫鏈統計的 n 元語法模型。

首先來談一下聲學模型，大家都知道，語音辨識系統框架主要包括四大塊：訊號處理、聲學模型、解碼器和後端處理[2]。

首先我們會將從麥克風收集來的聲音，進行一些訊號處理，將語音訊號轉化到頻域，從每 10 毫秒的語音中提出一個特徵向量，提供給後面的聲學模型。聲學模型負責把聲訊分類成不同音素。接下來就是解碼器，可以得出概率最高的一串詞串，最後一步是後端處理，就是把單詞組合成容易讀取的字檔。在這幾個步驟中，或多或少都會用到機器學習和深度學習。

聲學模型就是一個分類器 (classifier)，匯入向量，匯出語音類別的概率。這是一個典型的神經網路。底部是匯入資訊，隱藏層將向量轉化到最後一層裡的音素概率。

這是一個美式英語的 Alexa 語音辨識系統，所以會匯出美式英語中的各個音素。在 Echo 初發表時，我們錄了幾千個小時的美式英語語音來訓練神經網路模型，這成本很高。當然，世界上還有很多其他語言，比如我們在 2016 年 9 月發行德語版 Echo，如果重頭來一遍用幾千個小時德語語音來訓練，成本還是很高。所以，這個神經網路模型一個有趣的地方，就是可以「遷移學習」，你可以保持原有網路中其他層不變，只把最後一層換成德語。

兩種不同的語言，音素有很多不一樣，但仍然有很多相同的部分。所以，

1 https://kknews.cc/zh-tw/tech/en3n2m4.html (source)

2 https://technews.tw/2017/04/04/nikko-strom-talk-about-alexa-and-echos-secret-of-speech-recognition/ (source)

你可以只使用少量德語的訓練資料，在稍作改變的模型上最終可得到不錯的結果。

至於聲學建模，首先經過前端特徵提取取得聲學特徵，再進一步對聲學特徵停止統計建模。建模運用到的貝葉斯統計建模框架，也就是最大後驗機率決策原則。這裡算法這種深奧的東西就不說了，除非深度開發，否則直接套用就行了，我本人也是博古通今，還是念書的時候學的。

提取聲學特徵該如何完成：當語音輸入之後，首先停止模電轉換，將模仿信號轉變為數位訊號，再停止靜音切除去掉無關噪音，然後停止分幀。將此時的信號分紅一幀一幀之後（每一幀並不是獨立存在的而是相互關聯的），還要停止一系列的信號處置，包括預加重、加窗之後，再停止 FFT 變換之後，再經過 Mel 參數的濾波和取對數、離散餘弦變換等一系列算法處置後，能夠停止用梅爾頻率倒譜係數 (MFCC) 停止特徵提取，得到聲學特徵。

前面提到言語模型，而聲學模型就是將聲學特徵統計建模後得到的。得到了模型庫之後就能夠停止模型鍛鍊和形式匹配了。

所謂模型鍛鍊就是指依照一定的原則，從大量已知語音形式中獲取一個最具特徵的模型參數。而形式匹配則相反，是依據一定原則，將未知語音形式與模型庫中的某一個模型取得最佳匹配。

最後的解碼過程又能夠分成動態解碼網絡和靜態解碼網絡兩種：動態網絡會編譯一個狀態網絡並構成搜索空間，把單詞轉換成一個個的音素後將其依照語序拆分紅狀態序列，再依據音素上下文分歧性準繩將狀態序列停止銜接[3]。

而靜態網絡普通是針對一些特殊詞（孤立詞）的辨認網絡，它的構造就簡單多了：先將每條特殊詞擴展成 HMM 狀態序列，然後再計算得分，選擇得分最大的作為辨認輸出結果。由於靜態網絡是依據聲學機率計算權重，不需求查詢言語模型機率，因而解碼速度很快。

自動語音辨識也可從深度學習的角度來看，ASR 的輸入是語音片段

3 https://kknews.cc/zh-tw/tech/en3n2m4.html

(Spectrogram, MFCCs)，輸出是對應的文本內容[4]。使用深度網路 (DNN) 實現 ASR 的一般流程如下：

步驟 1. 從原始語音到聲學特徵

步驟 2. 將聲學特徵輸入到神經網絡，輸出對應的概率

步驟 3. 根據概率輸出文本序列

精選相關 YOUTUBE 影片

语音识别是什么原理？为啥知道我们说的是什么？

https://www.youtube.com/watch?v=e522m5GP9Zg

【財經知識庫】語音辨識蔚為風潮 產值持續提升

https://www.youtube.com/watch?v=xgJD4B1fxVA

新知講堂遊全台：20181101 語音辨識／陳健邦

https://www.youtube.com/watch?v=XaK0rtU0ulw

AI and Speech Recognition 語音辨識

https://www.youtube.com/watch?v=0DUYSSk_Jho

第 4 话：一分钟了解语音识别

https://www.youtube.com/watch?v=KSIQS67lOew

IT达人必看！告诉你语音识别技术的前世今生

https://www.youtube.com/watch?v=sU40F2QILml

4 https://mc.ai/%E6%B7%B1%E5%BA%A6%E5%AD%B8%E7%BF%92%E2%80%8A-%E2%80%8A%E8%87%AA%E5%8B%95%E8%AA%9E%E9%9F%B3%E8%BE%A8%E8%AD%98/

語音辨識

https://www.youtube.com/watch?v=uQx0DmSpK68

精選相關網路文章

- 語音辨識（維基百科）
  https://zh.wikipedia.org/wiki/ 语音识别
- 語音識別的技術原理是什麼？ - 每日頭條
  https://kknews.cc/zh-tw/tech/en3n2m4.html
- 完整解析 AI 人工智慧 - 大和有話說
  https://dahetalk.com/2018/04/08/%E5%AE%8C%E6%95%B4%E8%A7%A3%E6%9E%90ai%E4%BA%BA%E5%B7%A5%E6%99%BA%E6%85%A7%EF%BC%9A3%E5%A4%A7%E6%B5%AA%E6%BD%AE%EF%BC%8B3%E5%A4%A7%E6%8A%80%E8%A1%93%EF%BC%8B3%E5%A4%A7%E6%87%89%E7%94%A8%EF%BD%9C/
- 亞馬遜首席科學家：揭祕 Alexa 語音辨識技術 | TechNews 科技新報
  https://technews.tw/2017/04/04/nikko-strom-talk-about-alexa-and-echos-secret-of-speech-recognition/
- AI 從「語音辨識應用」談起- Michael Han - Medium
  https://medium.com/ @michael_han/ai%E5%BE%9E-%E8%AA%9E%E9%9F%B3%E8%BE%A8%E8%AD%98%E6%87%89%E7%94%A8-%E8%AB%87%E8%B5%B7-784ad917ff3d
- 語音辨識 /AI 分進合擊軟硬體廠劍指家庭智慧中樞- 封面故事- 新通訊
  https://www.2cm.com.tw/coverstory_view.asp?sn=1703130001

➲ 深度學習 — 自動語音辨識– mc.ai
https://mc.ai/%E6%B7%B1%E5%BA%A6%E5%AD%B8%E7%BF%92%E2%80%8A-%E2%80%8A%E8%87%AA%E5%8B%95%E8%AA%9E%E9%9F%B3%E8%BE%A8%E8%AD%98/

4-2 語音與文字

從語音識別來看，語音識別主要的是語音轉文字、錄音轉文字，不管是 Android 手機，還是 Apple 手機都可以使用錄音轉文字助手。錄音轉文字助手可以直接在手機應用市場找到，操作方法也非常簡單。另外 Google AI 語音服務在 2019 年初大更新，為了擴展 AI 語音服務的市場，Google 除了加強語音辨識模型、語言支援數量和聲音種類之外，也調整了語音服務的價格，除了優化語音辨識模型、新支援 7 種語言和 31 種聲音之外，也調整了語音服務的價格，在特定的應用情境中，使用者可以省下約 50% 的支出，而 Google 也提供每月前 60 分鐘免費的語言轉文字服務。然而，我們即將進入有圖有聲音，卻不一定有真相的時代了！

在文字轉語音服務，可以運用物聯網設備溝通，也有有聲書。市面上有 Cloud Text-to-Speech 服務支援 12 種語言，並可轉換 32 種聲音，是由 Google 推出文字轉語音 AI 服務，未來將可以用來合成人聲。即使是複雜的文字內容，例如姓名、日期、時間、地址等，Cloud Text-to-Speech 也可以立刻發出準確且道地的發音，使用者可以視情況自己調整音調、語速和音量，還支援包含 MP3 和 WAV 等多種音檔格式。

而 Amazon Polly 提供將文字轉換成逼真說話方式的服務，讓您建立會說話的應用程式和打造全新的啟用語音產品類別。Amazon Polly 是運用先進深度學習技術的文字轉換語音 (TTS) 服務，合成語音聽起來就像真人發音一樣。

其實語音轉文字的應用相多多，尤其是對於媒體、會議、文字工作者來說，他們常需要編譯上千字逐字稿，如果有不偷懶的小助理協助，而使用者僅需要專心參與會議，事後也可以高效將資料做校閱，而語音轉文字 APP「Otter」的誕生，大大提高了英文語音轉文字檔的精準度，也對相關需求者有助益，它採用 AI 語音辨識系統，其高度的轉譯準確性，造就其與其他語音轉文字軟體的不同之處。只要先設定聲紋，即可聽音自動輸入文字與標點符號，不過，它也有缺點，目前僅限於英語。

同樣主打 AI 語音辨識的百度語音網頁應用程式 SwiftScribe，號稱具有高達 97% 的準確率。SwiftScribe 的語音辨識系統 Deep Speech 2 曾被 MIT Technology Review 評為 2016 年十大突破技術之一。Deep Speech 2 可不斷學習從語音中辨識特定的字或詞，建議職業上需求的使用者可以考慮，較其他軟體精準。但 SwiftScribe 也僅支援英語，且無法直接用語音輸入，需上傳音訊檔案，再轉成文字檔，操作過程也不至於很複雜。

當然市面上的軟體並不局限於英文，其中一款是高效中文語音轉換軟體是訊飛語音輸入法，在打中文逐字稿時，最為麻煩的就是標點符號的輸入，因為有區分全形或是半形的，特別是有些文章，會要求使用全形標點符號，考慮到此，只要直接唸出句子，軟體即會自動斷句，並標註標點，包含全形逗點、句號以及問號等，相當方便。如果遇到中英文混雜的語句，也可雙語輸入，十分便利。尚有一款是無需登入的線上編輯器 Speechnotes 語音筆記本，只需要在轉換前，選取語言後即可自動輸入文字。其支援的語種除了基本的英語外，也包含臺灣、中國大陸和香港的中文或粵語，以及德、義、西、葡、法、日、韓語等多國語言，相當實用！檔案切換完成後，可寄至信箱，或是上傳到 Google Drive 儲存，一併打包您的文字作業。

關於語音轉文字，目前有一套臺灣團隊開發的「雅婷逐字稿」，已經可以聽中文了，也有 Android 版本可以使用，推薦給有興趣的讀者參考使用。

精選相關 YOUTUBE 影片

Google 小姐全面進化！WaveNet 文字轉語音技術| 一探啾竟第 23 集 | 啾啾 …

https://www.youtube.com/watch?v=FITPr92y1eA

[Open Jarvis] 如何讓 Python 自動將語音轉譯成文字？

https://www.youtube.com/watch?v=31DZfkYRvl4

雅婷逐字稿：AI 讓你看得見聲音

https://www.youtube.com/watch?v=ETSqFiVwTW0

精選相關網路文章

- Amazon Polly 逼真語音 | 將文字轉化為逼真語音
  https://www.google.com/aclk?sa=L&ai=DChcSEwju6euShJbkAhXWqZYKHb_LCkcYABAAGgJ0bA&sig=AOD64_3vZyOuUTm7m9PD2p-71706tk8YSw&q=&ved=2ahUKEwi7seaShJbkAhVoHKYKHZDZA0kQ0Qx6BAgLEAE&adurl=

- 還在用人工打逐字稿？4 款中、英文語音辨識軟體讓你提早下班…
  https://buzzorange.com/techorange/2018/03/06/ai-voice-note-taking/

- Google AI 語音服務大更新，不僅降價還新增 7 種語言和 31 種聲音 | iThome
  https://www.ithome.com.tw/news/128899

- 10 個免費語音轉文字工具，支援中文提升多種文書工作效率 - 電腦玩物
  https://www.playpcesor.com/2017/11/speech-to-txt-top-10-tools.html

- 速學 Python AI 語音辨識自動轉字檔工作坊- 產學營運處
  https://iac.ntust.edu.tw/files/15-1116-69190,c6717-1.php
- 告別打逐字稿！這款 Google 前員工以 AI 開發的 APP 可實時轉對話成…
  https://www.limitlessiq.com/news/post/view/id/3778/
- 聲音更接近人類，Google 文字轉語音 AI 服務再升級｜數位時代
  https://www.bnext.com.tw/article/48685/cloud-text-to-speech-deepmind-wavenet
- 語音轉換文字 API | Microsoft Azure
  https://azure.microsoft.com/zh-tw/services/cognitive-services/speech-to-text/
- 工研院文字轉語音 Web 服務
  http://tts.itri.org.tw/
- 華為 P30 或引入新 AI 語音技術？語音轉文字、文字轉語音這裡… - 每日頭條
  https://kknews.cc/zh-tw/tech/l3j65yg.html
- 網際智慧 TTS 文字轉語音
  https://w3.iq-t.com/tts
- theAnswr - 用 Google A.I. 把 YouTube 視頻的語音內容轉成文字
  https://get.theanswr.com/zh_HK/app/question/Google-AI-youtube-text-QYOuPp

4-3 語音辨識的應用

AI 語音滲透各種智慧裝置，看待 AI 語音的市場，應從硬體產品、軟體服務、系統平台三個方面切入。在硬體方面，根據 Canalys 統計，2016 年全球智慧音箱出貨量約 700 萬台，2017 年約 3,000 萬台，估計 2018 年全球 AI 智慧音箱出貨量，可望達到 5,500 萬台。但更值得觀察的是硬體背後的軟體服務市場。智慧音箱上市也推動 APP 軟體應用服務的擴張，同步讓更多 APP 應用服務開發商投入，同時因為使用者的回饋，也加速了 APP 軟體服務的多元化產出。

另外，AI 語音系統與平台才是智慧音箱的靈魂，目前 Google Assistant 被安裝的裝置占比最高，此乃因大多數新創開發智慧音箱產品會採用 Google Assistant 平台，加上 Google 擁有多國語言轉譯技術，預估未來 Google Assistant 應用市場將後來居上。根據 CTA、Gartner 等研究機構皆預測 2019 年智慧音箱市場銷售量將達到最高峰，AI 語音將轉而滲透到筆電、電視、家電、汽車、機器人、智慧看板、穿戴、行動終端等其他智慧裝置之中。

讀者或許會考慮到語音辨識是否不夠安全？提供一項資料給讀者參考，美團隊為此加碼裝設感測皮膚震動。生物辨識技術已發展了一段時間，其中語音辨識近年來也逐漸取代傳統的數字密碼，但是聲音辨識真的安全嗎？有些理論認為聲音就像指紋，每個人都是獨一無二的，儘管可以模仿聲音，但聲音某些特徵是無法模仿的。但就像指紋辨識的保密性經常受到質疑，語音辨識也有相同的爭議。

英國教授 Hugh McLachlan 就曾質疑指紋與聲紋的「唯一性」，他表示過去的數據都是透過取樣得來的，因此無法全局驗證所有人確實完全不同，也無法排除死去、新生兒與受試者有相同特徵。即使機率非常小，在一些需要高強度保密性的系統，這些基於統計的結論仍必須謹慎看待，更別提辨識聲音的基礎上，透過錄音使用他人聲音或許也可行，聲音也許不能算得上絕對的 ID。為此，密西根大學 (University of Michigan) 研究團隊創造了一款裝置「VAuth」，希望藉此提升聲音辨識的準確度及安全性。從外觀來看，VAuth

總共有三種配件型式：項鍊、耳掛式、眼鏡附件，無論型式如何，裡面都裝有一個加速規 (accelerometer)，可偵測配戴者臉部、喉嚨或胸部皮膚的細微震動。

聲音越來越常用作安全認證，但事實上語音辨識藏著很大的隱憂，「如果一個系統只使用你的聲紋認證，那可能非常危險，我們相信必須有第二道防線來辨識使用者身分。」透過每個人獨特的聲音震動方式，與傳統的聲紋標記結合，形成一個非常安全的混合系統，進而構成每個人獨有、具辨識性的簽名。實驗室測試中，面對 18 個不同用戶、30 種不同語音命令的情況下，VAuth 絲毫沒有受使用者語言、口音、動作與配件型式差別影響，準確率高達 97%，對模仿和錄音也可察覺。團隊已為 VAuth 申請了相關專利，目前正在尋求商業夥伴一同將 VAuth 推向市場。看到這裡，即便似乎隱約不大，其實筆者提醒了一件事情，語音辨識需考量到錄音的危機及身體出狀況導致系統無法辨識的危機，但在此不細說。

然而，語音辨識市場在哪裡？由於語音處理的技術障礙非常高，需要長期投入人力與資金，所以主要多為國際性大廠，這些大廠都擁有多種語言的語音辨識技術，中文（國語）也都在其內；綜觀國內，目前也有少數幾家公司正致力於將中文語音辨識商品化。基本上語音辨識的市場在臺灣才剛要開始萌芽，我們已經看到語音辨識技術應用在股價查詢、手機聲控撥號、車內聲控系統、以及所謂的語音入口網站，至於語音辨識可以在哪些應用領域發揮實際效用？

基本上，語音辨識應用主要可分為四類，分別為電話應用、電腦上、嵌入在家電製品中的應用及車內聲控設備，電話應用原則上可以分成兩種，一種是電話機端的應用，一種是電話伺服器的應用。所謂電話機端的應用包含我們現在常見的手機聲控撥號，也包括了 WAP 手機應用 (Wireless Internet)，也就是可以直接用聲音代替電話按鍵來進行資料輸入；而所謂的電話伺服器端的應用是指電話接收端由電腦先行接聽，使用者可以用語音說出欲查詢的事項、欲找尋的人名、或其他命令等等，所以語音辨識是由接收端的電腦進行。電腦上最重要的應用就是以口代替手，用口說出命令或說出想要輸入的資料，而非用鍵盤輸入。對於使用中文的人而言，語音輸入一直都是終極理想，如果能用唸的來取代各種繁瑣的輸入法，不但可以提升輸入的速度，更可以讓電腦使用人口更普及，更多人得以將資料以書面型式保存；在瀏覽器上也有一些產品可以讓使用者唸出網頁的 hyperlink，就可以直接選取該連結，進入所選的網頁中。嵌入在家電製品中的應用也可稱為 IA 家電，近來眾多家電業與電腦業者競相投入的領域，目前幾乎都著墨於無線傳輸藍芽功能，強調家電可以上網，所以未來可以透過 Internet 對家電做遠端遙控；不過這些功能似乎離所謂的智慧還有那麼一點距離，有一些人已經開始將語音辨識功能加入家電中，將這一段距離填補起來，算得上真正名符其實的智慧家電，所以未來可以直接和電視、冰箱、洗衣機等電器對話，告訴微波爐使用者放了什麼進去、想要煮成什麼效果，然後微波爐就會決定該用多少熱度、多少時間來烹煮，這種應用聽起來雖然很有趣，但其中所面臨的技術複雜度相當高，如何讓家電品不會誤聽，以及如何避免生活環境中的噪音所造成的影響，都是需要高度技術才能解決。車內聲控設備方面，各大汽車廣告都有聲控相關的鏡頭，可以知道車商幾乎都有志一同認為駕駛人如果能用聲音來操控車內的設備，不僅方便，更可以提高行車安全，只要動口就可以掌控車內大小事，並能透過無線通訊得知車外大小事，這應該是所有汽車駕駛人的夢想。這對語音辨識是一個非常獨特的市場，大概很少有其他技術可以與之匹敵，當然前提是辨識的正確率要相當精確，由於車內影響聲音接收的變數非常多，像是車內音響的聲音、談話的聲音、引擎震動的聲音、車外的噪音等，都增加辨識的困難度，所以目前我們還未看到真正的霹靂遊俠在路上奔馳，這個夢想在語音辨識技術突破之後應該就會實現。

現階段而言，以上四種應用中，最早進入市場的是電腦上的應用，但多年來的觀察，卻是不如理想，可能對電腦而言，鍵盤已經是為眾人所接受而且很熟悉的輸入工具，聲音操控電腦的便利性很難超越鍵盤，所以目前看到最大的市場是電話應用，雖然它可能是其中最無趣的應用，但卻是目前最實際的應用，其所需之技術層面也最成熟。

另一方面，即是 3G 普及後，還是有很多語音辨識的商機，因為手機的螢幕尺寸有限，而且以手機按鍵輸入資料或是在小小的觸控板上輸入資料，都非常不便，也不易進行多量的資料輸入，如果能用最自然的說話方式輸入資料，

wireless internet 的實用性才能真正增加。由於語言是最直接的一種溝通媒介，將來甚至會有很多情況是利用手機上的語音辨識晶片來輔助進行資料輸入，甚至也可以利用語音辨識的擴充功能，來進行資料的翻譯。

從語音辨識市場的商機來看，雖然目前語音辨識的應用有上列的多種產品，但是絕大多數的人仍然是動手不動口來查詢所需資料，許多應用仍在我們的夢想當中，遲早有一天我們會對著各種家電或車子或自動販賣機說話，這或許還有一段路要走，不過至少在可見的三、四年之內，許多電話服務都將會有語音識別的功能，幫助人們轉接電話、查詢常用資料或查詢電話號碼。

放眼未來，語音辨識可能應用在哪些商業化場景？提起語音辨識，最容易想到的可能是不會講笑話的 Siri。Siri 的技術來自 Nuance，世界上第一家上市的語音辨識公司。而蘋果並不想一直依賴 Nuance 的技術，進行了一系列自組隊活動，這也促使 Nuance 尋找新的出口。

語音辨識很難直接帶來現金流的業務。Nuance 整體狀況雖然不樂觀，但我們依然看得到 Nuance 一直以來在不同領域商業化上的嘗試。舉凡在醫療領域、智慧車載、智慧穿戴式、智慧家居及教育領域都可以看到 Nuance 的足跡。

總結來說，說話是人類最自然且真誠的交流方式，可以說人工智慧是偽智慧，機器永遠不會像人一樣去活著，但機器可以變得越來越善解人意。

精選相關 YOUTUBE 影片

極速上字幕方法 Part I：ArcTime + google AI 語音辨識 不用自己打字了

https://www.youtube.com/watch?v=ptcquGu5XFE

用 AI 合成出你的虛擬聲音！LYREBIRD 網站實測！ | 啾啾鞋

https://www.youtube.com/watch?v=5o33A6ZIXLM

https://lyrebird.ai/

OLAMI API 即時連續語音辨識示範 |

http：//olami.ai

https://www.youtube.com/watch?v=QwZ-g20ouqk

狂新聞語音產生器，文字轉配音工具

https://www.youtube.com/watch?v=IwVnNjGNOyM

手机上最好用的文字转语音工具，上千字配音五秒钟搞定，声音媲美真人 | 视星空第112期

https://www.youtube.com/watch?v=a35d5gnKbLo

YouTuber必备的字幕制作工具，语音自动转文字，语音转文字软件，做字幕翻译必备软件工具，speechlogger 音转文字工具，做视频必备工具，强烈推荐

https://www.youtube.com/watch?v= IrnTYmPxse0

史上最強的語音轉字幕軟件，多達 6 種頂尖語音識別引擎，無需上傳

https://www.youtube.com/watch?v=QqNmV7Bs-1U

【字幕小撇步 # 1】Speechnotes 語音轉文字：影片快速上字幕技巧大公開

https://www.youtube.com/watch?v=8IGyxG_PtIU

中華電信 AI 技術發展與應用

https://www.youtube.com/watch?v= Jbb8NE40X8Q

全面聲控：聲控取代了一切的生活會是什麼模樣呢？（中文字幕：姆士捲）

https://www.youtube.com/watch?v=fmIGPcUnGuI

精選相關網路文章

- 語音辨識不夠安全？美團隊推雙重保險，加碼感測皮膚震動
  https://technews.tw/2017/10/22/vauth-tech-can-feels-your-voice/
- 未來，語音辨識可能應用在哪些商業化場景？｜數位時代
  https://www.bnext.com.tw/ext_rss/view/id/670797
- 微軟首席語音科學家：人工智慧若不能解決語言問題，就是瞎忽悠
  https://www.bnext.com.tw/article/51479/ai-understand-language
- 臺灣語音辨識技術佼佼者：賽微科技
  https://www.bnext.com.tw/article/ 45143/cyberon
- 語音辨識應用廣泛，成大發展噪音環境下仍能進行語音辨識之系統
  https://www.ithome.com.tw/node/2386
- 人工智慧和物聯網推測智慧語音商品應用的演變
  https://www.inside.com.tw/article/16248-voice-tech-with-ai-iot
- 迎接人機介面新商機　掌握全球 AI 語音助理下一步
  https://www.2cm.com.tw/2cm/zh-tw/tech/B73A5BE5A4954D5988102C7D8A5B8A68
- 動口不動手——語音助理導入多元應用領域
  https://www.iii.org.tw/Focus/FocusDtl.aspx?fm_sqno=12&f_sqno=KYhP2U3cj2DGPjFG3KsPhQ__
- 聰明動口不動手 語音助理變身智慧家庭中樞
  https://www.2cm.com.tw/2cm/zh-tw/market/B9035310349246A58329231C75299970

- 語音辨識技術再突破提供人機溝通新體驗
  https://www.digitimes.com.tw/iot/article.asp?cat=130&id=0000357690_doo78qqe8ornrq1lgknz8
- 滿足人類的想像創意的語音辨識技術
  https://www.digitimes.com.tw/iot/article.asp?cat=130&cat1=20&cat2=10&id=0000284455_y7s5iizb4gg6y36yjg5jv
- 語音辨識應用多 公開資料庫是關鍵
  https://udn.com/news/story/7240/ 3891531
- 語音辨識的前世今生——3S Market「全球智慧科技應用」
  http://3smarket-info.blogspot.com/2017/09/blog-post_34.html
- AI 語音辨識浮現資安隱憂　需求著眼兼顧便利隱私
  https://www.netadmin.com.tw/netadmin/zh-tw/technology/0F8321D3B7134E3EA81058C924CDFFFE
- 【AI 嘉年華】機器如何聽懂我們說的話？
  https://case.ntu.edu.tw/blog/?p= 33486
- 語音辨識市場的牛肉在哪裡?
  http://www.hivocal.com.tw/PointofView/TtS.htm
- 語音辨識操控成嵌入系統必備人機介面
  https://www.digitimes.com.tw/iot/article.asp?cat=130&id=0000373164_r260pujr760m663fie6me
- 語音資料庫在地化 威剛聲控機器人準確度高達九成（影）
  https://newtalk.tw/news/view/2018-06-08/127192

- 【Amazon vs. Google】Alexa 跟進個人化語音辨識，家庭入口大戰白熱化
  https://makerpro.cc/2017/10/amazon-alexa-starts-to-provide-personalized-service/
- 語音辨識 /AI 分進合擊　軟硬體廠劍指家庭智慧中樞
  https://www.2cm.com.tw/2cm/zh-tw/market/A885B7A6D97647CF89F0767EBDB4CEA6
- 語音辨識助攻 醫療轉錄產業蓬勃發展
  https://www.digitimes.com.tw/iot/article.asp?cat=158&cat1=20&cat2=&id=0000537265_2JO14X5M74L1A94W9OIG3
- 語音功能之於智慧音響 更甚人工智慧
  https://www.digitimes.com.tw/iot/article.asp?cat=158&id=0000548656_zax7qra44q49377qms7yg

4-4 語音辨識的平臺——雅婷

目前有一套臺灣團隊開發的「雅婷逐字稿」，已經可以聽中文了，也有 Android 版本可以使用 https://asr.yating.tw/ (https://play.google.com/store/apps/details?id=tw.ailabs.Yating.Transcriber)

「雅婷逐字稿」使用介面如下：

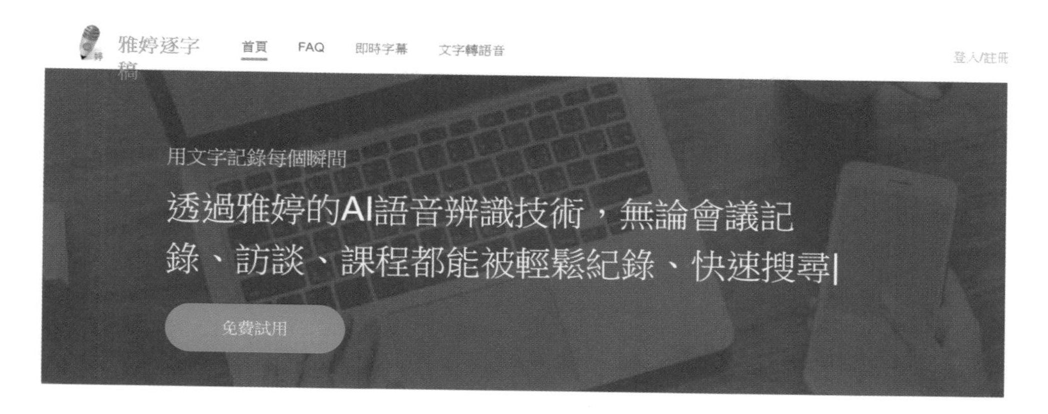

1. 先請讀者自行註冊帳號，若有 GOOGLE 帳號可以直接登入

2. 登入後即會進入下面畫面

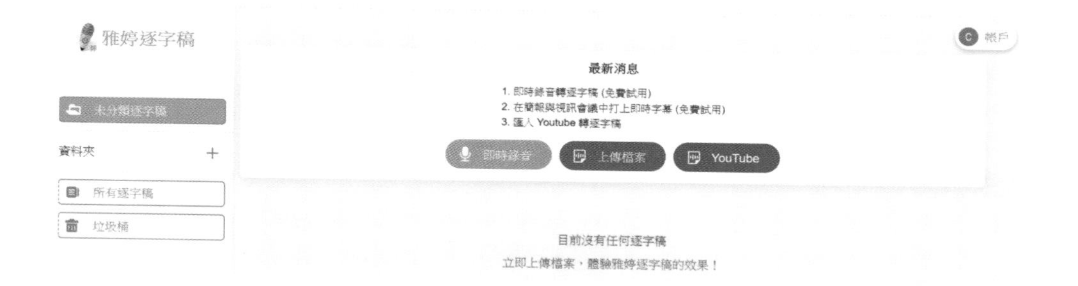

3. 先行錄製一段錄音檔，

   文字部分如下：

   各位讀者好，由於筆者對語音辨識有興趣，目前有一套臺灣團隊開發的「雅婷逐字稿」，已經可以聽中文了，在此進行測試，謝謝。（如下圖）

錄音辨識測試資料.m4a
長度: 00:00:15
大小: 134 KB

4. 將上圖檔案拖曳到該網站

5. 上傳完成如下圖

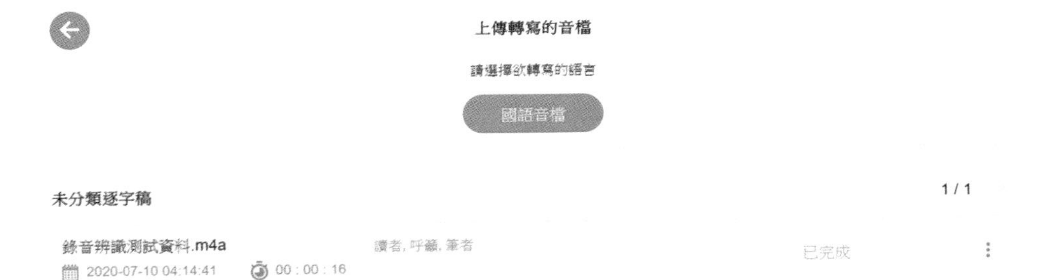

6. 點選上圖中的「已完成」即下載文字檔

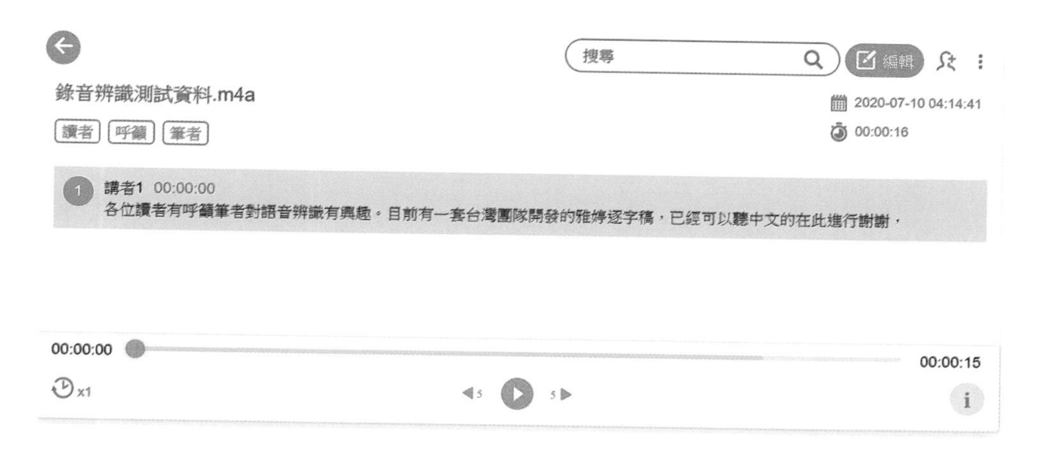

7. 該網頁平台也可下載字幕檔，若讀者有興趣也可運用至影片中。

8. 結果對照表

筆者原稿	雅婷逐字稿辨識結果
各位讀者好，由於筆者對語音辨識有興趣，目前有一套臺灣團隊開發的「雅婷逐字稿」，已經可以聽中文了，在此進行測試，謝謝。	各位讀者號。由於筆者對語音辨識有興趣，目前有一套臺灣團隊開發的雅婷逐字稿，已經可以聽中文了，在此進行測試，謝謝。

9. 比對差異：

紅字部分是差異部分，其實不一定是系統辨識的問題，也可能是錄音的品質不佳、或是說話者口齒不清等等因素造成的。

10. 使用心得：

「雅婷逐字稿」成功率很高了，幫助我們省很多時間。

未來希望可以考慮開放網友自行增加字典，或匯入更多專有名詞，以利斷詞判斷。目前搜集的數據，應該也有再利用的價值，如果忙得過來的話，也可以提高更新頻率。

CHAPTER 5

自然語言處理原理與應用

5-1 自然語言處理原理

5-2 語言翻譯

5-3 輿情分析

5-4 聊天機器人

5-1 自然語言處理原理

一、什麼是自然語言？

自然語言處理 (Natural Language Processing; NLP) 是人工智慧和計算語言學的交匯點，能夠處理機器和人類自然語言之間的交互，即計算機需要對其進行分析、理解、改變或生成自然語言。NLP 幫助計算機機器以各種形式使用自然人類語言進行交流，包括但不限於語音、印刷、寫作和簽名。

現如今，在更多情況下，我們是以比特和字節為生，而不是依靠交換情感。我們使用一種稱之為計算機的超級智能機器在網際網路上進行交易和溝通。因此，我們覺得有必要讓機器明白我們在說話時是如何對其進行理解的，並且試圖用人工智慧，一種稱之為 NLP——自然語言處理技術為它們提供語言。作為一種研究結果，聊天機器人正在成為一種可靠的聊天工具，使用這種非人為依賴的智能工具與人類進行交流。

NLP 是一種人工智慧方法，給定機器一些人類語言從而使得它們能夠與人類進行溝通交流。它涉及使用 NLP 技術對書面語言進行智能分析，以獲取對一組文本數據的見解，如：情緒分析、信息提取和檢索智能搜索等。NLP 與機器學習和深度學習密切相關，所有這些都是人工智慧領域的分支，它是一個致力於使機器智能化的計算機科學領域。深度學習是一種流行的機器學習技術之一，如迴歸，K-means 等。

機器學習的類型很多，像無監督機器學習這樣的經常用於 NLP 技術中，如 LDA（潛在狄利克雷分布，一種主題模型算法）。

為了能夠執行任何一個 NLP，我們需要深入理解人類如何處理語言的情感和分析方面。還有各種各樣像社交媒體這樣的語言數據源，人們直接或間接地分享他們感受到的內容，而這必須通過使用 NLP 的機器進行智能分析。NLP 機器需要建立一個人類推理系統，藉助 ML 技術，它們可以自動執行 NLP 過程並對其進行擴展。

二、經典的 NLP 實現方法

(一) 分詞

將句子分成最小的語義單位，是信息檢索、文本分類、情感分析等後續自然語言處理任務的基礎。英文的分詞可用空格切，而中文分詞是困難的。

(二) 詞形還原

指的是將詞語還原成最基本的形式，以英文來說，例如：am, are, is 轉成 be

(三) 詞性標注 (Part-Of-Speech; POS)

標上詞性類別，像是名詞、動詞、形容詞。以語法特徵為主要依據，為兼顧詞彙意義的對詞進行劃分。

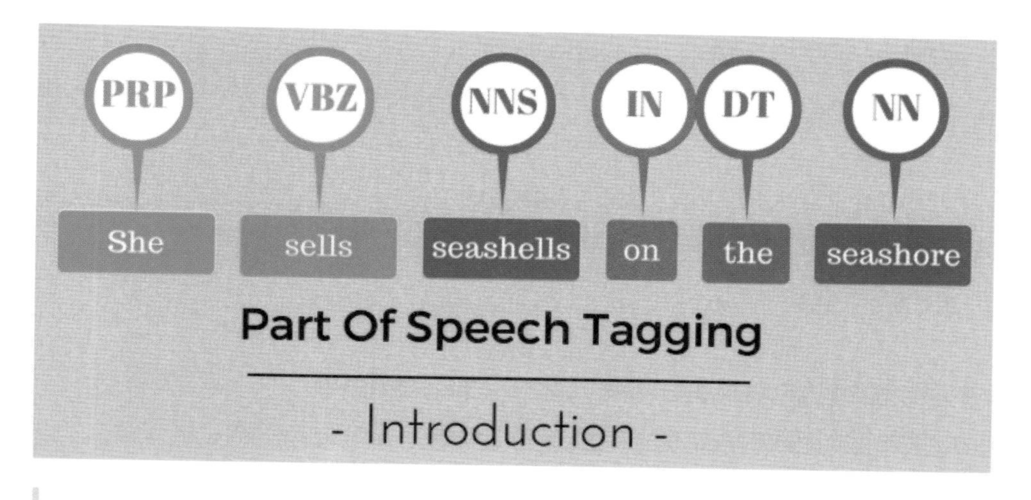

圖片來源：https://nlpforhackers.io/training-pos-tagger/

(四) 依存語法 (dependence grammar)

依存語法是由 L. Tesniere（法國語言學家）最早提出，將句子分析成一顆依存語法樹，透過一個句子只有一個「根」，描述出各個詞語之間的依存關係。在 NLP 中，用詞與詞之間的依存關係，來描述語言結構的框架稱為「依存語法」，又稱為「從屬關係語法」。

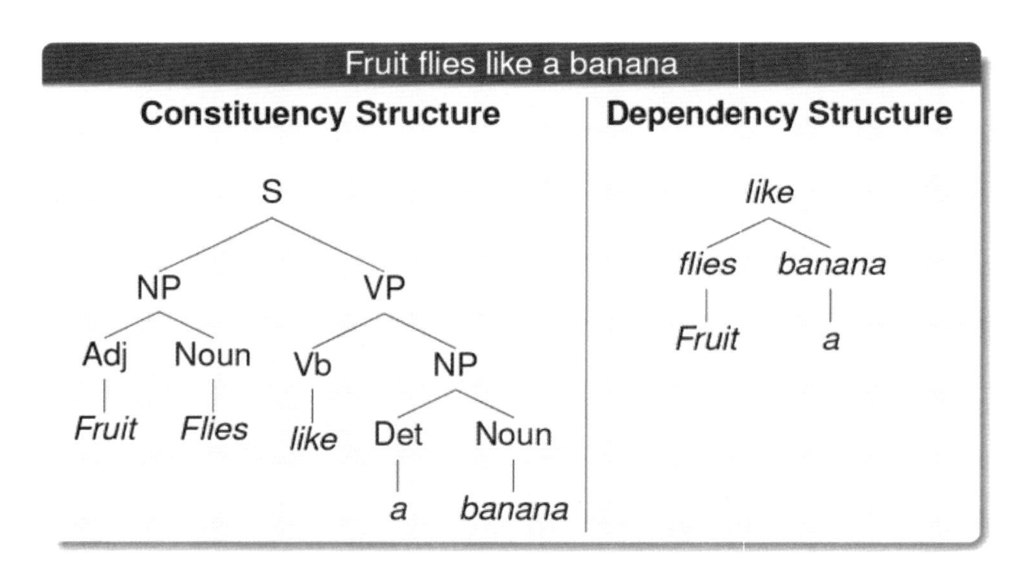

圖片來源：https://www.cs.bgu.ac.il/~elhadad/nlp12/nlp03.html

(五) 命名實體識別 (Named Entity Recognition, NER)

在句子的序列中，定位並識別人名、地名、機構名等任務。

"There was nothing about this storm that was as expected," said **Jeff Masters**, a meteorologist and founder of **Weather Underground**. "**Irma** could have been so much worse. If it had traveled 20 miles north of the coast of Cuba, you'd have been looking at a (Category) 5 instead of a (Category) 3."

Person　Organization　Location

圖片來源：https://blog.paralleldots.com/data-science/named-entity-recognition-milestone-models-papers-and-technologies/

原文網址：「自然語言處理」如何快速理解？有這篇文章就夠了！
https://kknews.cc/tech/gz338ml.html
[魔法小報] 深度學習在自然語言處理 (NLP) 的技術與應用
https://ithelp.ithome.com.tw/articles/10209418

精選相關 YOUTUBE 影片

【用電影學 AI】自然語言處理一機器人是這樣開口說話的？
https://www.youtube.com/watch?v=kzh7yej5jkA

自然語言理解的應用案例與技術
https://www.youtube.com/watch?v=gXmpP2zxBxA

精選相關網路文章

- 斷開中文的鎖鍊！自然語言處理 (NLP)
  http://research.sinica.edu.tw/nlp-natural-language-processing-chinese-knowledge-information/
- [魔法小報] 深度學習在自然語言處理 (NLP) 的技術與應用
  https://ithelp.ithome.com.tw/articles/10209418
- 自然語言處理 (NLP) 的基本原理及應用
  https://www.itread01.com/content/1546821738.html
- 「自然語言處理」如何快速理解？有這篇文章就夠了！
  https://kknews.cc/tech/gz338ml.html
- 【Maker 學 AI】機器怎麼學習？從自然語言處理實作入手
  https://www.accupass.com/event/1807091451516487763700
- 自然語言處理技術讓機器以人性視角解決問題
  https://www.digitimes.com.tw/iot/article.asp?cat=158&cat1=20&cat2=&id=0000516262_ep91m5m677ohnt1xlvqp0
- AI 語言分析掌握市場風向 協助業者行銷與決策
  https://www.digitimes.com.tw/iot/article.asp?cat=158&id=0000516190_hm32ezk68qjinj1hskowl
- 华为语音语义首席科学家刘群谈“自然语言处理”
  https://zhuanlan.zhihu.com/p/56526597

5-2 語言翻譯

AI 人工智能存在於我們周遭生活，尤其語音輸入，像是 Apple Siri、Google Assistant、Amazon Alexa 等智慧型手機都有內建語音助理，但目前大多只能用來查詢資訊或控制智能家居，鮮少用於工作上的文字輸入。

而目前語言翻譯主流為機器翻譯，意即透過機器來幫忙整個翻譯過程以下將介紹機器翻譯。

一、機器翻譯簡介

機器翻譯 (Machine Translation) 是指運用機器，通過特定的計算機程序將一種書寫形式或聲音形式的自然語言，翻譯成另一種書寫形式或聲音形式的自然語言。機器翻譯是一門交叉學科（邊緣學科），組成它的三門子學科分別是計算機語言學、人工智能和數理邏輯，各自建立在語言學、計算機科學和數學的基礎之上。

機器翻譯可以實現世界上不同國家不同語言間的低成本交流，其主要優點體現為：成本低。相對於人工翻譯來說，機器翻譯的成本要低很多。機器翻譯需要人工參與的程序其實很少，基本上由計算機自動完成翻譯，大大降低了翻譯成本。易操作。機器翻譯的流程簡單快捷，在翻譯時間的把控上也能進行較為精準的估算。速度快。計算機程序的運行速度非常快，其速度是人工翻譯速度不可比擬的。由於這些優點，機器翻譯在這幾十年來得到了快速的發展。

在具體應用上一般分為三種，以下分別介紹。

1. 網絡查詞翻譯：查詢對像一般為單個的字詞、簡單的詞組或者是固定結構。
2. 計算機輔助翻譯：英文簡稱 CAT (Computer Aided Translation)，其原理為利用計算機的記憶功能將譯者之前翻譯的資料進行整理，以便為之後出現的類似翻譯提供便利條件。
3. 機器翻譯軟件：也叫做計算機翻譯，即 MT (Machine Translation)。其原理為應用計算機按照一定規則把一種自然語言轉換為另一種目標自然語言。此過程一般指自然語言之間句子和段落等的翻譯，大部分見諸於世的翻譯軟件，如 GOOGLE 翻譯。下個章節將以 GOOLE 翻譯微粒介紹其原理。

二、語言翻譯原理[1]

過去十年間語音翻譯相關產品發展迅速，其主要目的係提高國際間的交流，各家廠商相繼推出翻譯機等相關產品及服務，就原理來說，機器翻譯需要經過三個步驟才能完成，首先，要先經過過語音辨識將語音轉化成文字；接者，將文字翻譯成目標的語言文字；最後，在使用目標語言文字來產生目標語言語音，完成即時語音翻譯流程。

為了提高翻譯速度與正確率，Google 提出實驗性新系統「Translatotron」（如下圖），讓語音到語音之間能不依賴於中間文字轉譯，直接完成翻譯。

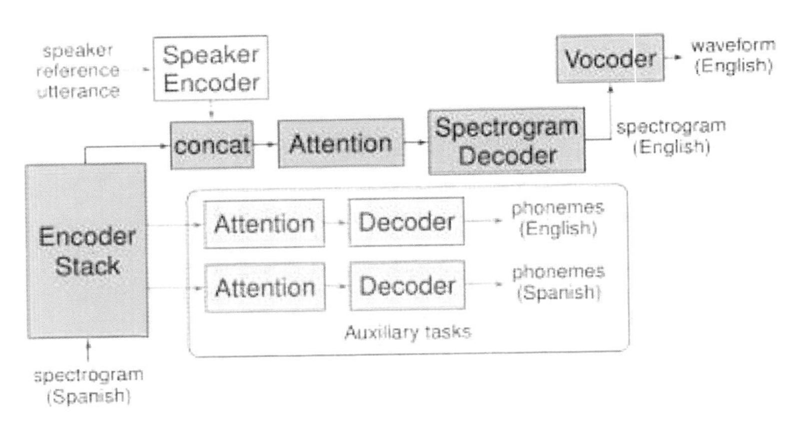

「Translatotron」翻譯系統架構

圖片來源：https://www.inside.com.tw/article/16390-google-ai-translatotron-end-to-end

1 文章來源：https://www.inside.com.tw/article/16390-google-ai-translatotron-end-to-end

根據 Google 的技術說明，為了使「Translatotron」能夠進行端點到端點的翻譯，研究員使用 seq2seq 模型和頻譜圖作為輸入數據的訓練。藉由麥克風編碼器搜集說話者聲音，透過多任務學習預測音源或目標說話者使用的單字。

「Translatotron」系統提供比傳統的語音翻譯系統更多優勢，像是：更快的推理速度，避免了辨識和翻譯之間的錯誤，翻譯後要保留原始說話者的聲音也變得更簡單，甚至也會處理不需要翻譯的單字（例如，名字和專有名詞）。

三、語言翻譯於產業界

翻譯機相關產業需要形成自己的規模優勢，以降低產品成本，確保利潤。對於新進市場，很難在短時間內實現大規模生產和獲利。另外，由於中文翻譯機產品數量眾多，對國外市場的依賴相對較大，而國外客戶一般要求企業獲得各種技術和質量認證，而認證的前提是要求企業具備一定的生產規模，從而對新進入企業形成一定的障礙。主要有以下兩個問題要克服。

(一) 問題一：需要提高翻譯準確性，離線翻譯成為問題，並且難以克服技術難題。

翻譯不夠準確。當前翻譯機的技術難點在於，人工智能技術無法在自然語言理解上取得質的突破，

需要在不同情況下進行不斷的培訓和反饋。其次，某些翻譯器不支持離線翻譯，並且無法在網絡狀況不佳的地方連接到網路，從而導致用戶體驗不佳。翻譯機的出現取代了高端同聲傳譯行業。實際上，它取代了同聲傳譯領域中最基礎的工作。這不是一線產業工人的簡單工作和重複工作之間的本質區別，而是被人工智能管道所替代。在相當長的一段時間內，同聲傳譯行業更準確，更高端的翻譯仍然是不可替代的。

(二) 問題二：行業壟斷嚴重，其他公司難以進入市場

目前，市場上主要的語音翻譯引擎主要由谷歌和微軟以及百度等大公司主導。相關技術包括 AI，Big data，神經網絡等。優點是顯而易見的。擁有資金，資源，技術積累，資源和人才。由於行業的強大壟斷，其他公司很難進入

翻譯機市場。

精選相關 YOUTUBE 影片

【中天新聞】2019 連假「自助旅遊必備」翻譯機正夯 也適用兒童語言學習

https://www.youtube.com/watch?v=0ar6Da8slq4

【PC 語音輸入助手】TranSay Word 即時語音輸入及翻譯神器

https://www.youtube.com/watch?v=a0wYVqcYLL4

AI 成就無障礙生活系列：打破溝通界限 – Microsoft Translator

https://www.youtube.com/watch?v=vd49YvQBn0c

精選相關網路文章

➲ 微軟 AI 翻譯能力媲美人類，背後 4 大技術不可不知

https://www.bnext.com.tw/article/48505/microsoft-announces-breakthrough-in-chinese-to-english-machine-translation

➲ 機器翻譯大突破！微軟加入新方法，AI 中翻英程度達人類專業水準

https://www.ithome.com.tw/news/121818

➲ 人工智能又一樁 臉書的新翻譯功能就靠它-趨勢觀察-縱橫職場-生活-副刊-大紀元

http://www.epochtimes.com/b5/17/8/9/n9511332.htm

➲ AI 加持自動翻譯技術 誤譯率降低 60%--口譯員要失業了嗎？ - DIGITIMES 物聯網

https://www.digitimes.com.tw/iot/article.asp?cat= 158&id=0000495919_pcl8b1sf2sz1mo857fj0k

- AI 神助攻，Google 離線翻譯更精準、支援 59 種語言｜數位時代
  https://www.bnext.com.tw/article/49508/google-translate-offline-ai-translation
- Google 原生 Podcast App 上市！未來將提供 AI 即時翻譯 _ ETtoday3C 家電 _ ETtoday 新聞雲
  https://www.ettoday.net/news/20180624/1194937.htm
- 微軟的離線 AI 翻譯功能可以在任何手機上使用了
  https://chinese.engadget.com/2018/04/19/microsoft-translator-offline-ai/
- 讀不懂考題的機器人，未來有可能取代翻譯工作嗎？- The News Lens 關鍵評論網
  https://www.thenewslens.com/article/96111
- Google AI 翻譯新突破！保留原聲同步語音翻譯
  https://www.inside.com.tw/article/16390-google-ai-translatotron-end-to-end

5-3 輿情分析

一、網路輿情分析之內涵

近年來，消費者的網路意見一直是面向消費者的品牌/服務提供商的重要組成部分。互聯網民意分析是對消費者在互聯網上的意見進行分析，以了解目標消費者對品牌，產品或服務的看法。此外，依據數據分析結果，優化現有服務的內容，調整產品開發方向，營銷策略制定或口碑操作和消毒等。近年來，

它已成為一個亮點，並發展出許多相關的分析平台或服務。當前的互聯網民意分析過程可以大致分為四個部分：

(一) 收集網路資訊

首先找出要分析的品牌或服務內容的相關網路數據源。來源可以是論壇，博客，新聞，社交網站或 BBS 平台。例如，如果欲分析旅遊業的服務，則將選擇一個「背包客棧」論壇、著名的旅行博客網站或 Facebook 的主要旅行社粉絲群抑或是 PTT 的旅行相關討論版。然後，通過網路爬網技術抓取這些網站的所有內容。

(二) 篩選欲分析數據

通過收集網路數據的過程，搜尋了很多線上文章，如何找到與服務相關的討論文章？目前，大多數做法是通過設置相關詞來對資料進行過濾和分類。

(三) 數據分析

所選文章將得到進一步分析。對這部分內容和功能的分析會因公司而異。但基本上，它們中的大多數將提供三種面向對象的分析：聲量分析，情感分析和趨勢分析。聲量分析的重點是分析互聯網上不同品牌和商品的受歡迎程度，討論的廣度以及消費者關心的主題。情感分析主要是通過自然語言處理技術來判斷消費者在討論品牌和商品時的情感和偏好。趨勢分析是為了找出網路上最流行和最新的討論和趨勢。

(四) 介紹分析結果

分析之後最重要的事情是分析結果的呈現。自動化程度更高的公司可提供可直接查看分析結果的 Web 平台或系統。更多的服務提供商通過提供報告或定期報告的形式，以報告或幻燈片的形式將分析結果發送給相關人員。

近年來，隨著包括臺灣最大的 BBS 站在內的互聯網技術的興起，包括 Facebook，論壇，甚至「鄉民的正義」，互聯網領域越來越多的公共議題正備受關注和討論。它已經成為現實社會中的重要問題。如何使用有效的方法和工具來理解互聯網上的人們的想法將成為未來公司決策和政府部門治理的重要問題。

二、網路輿情分析平台

上一章節介紹了網路輿情分析之概念，本章將使用 Eyesocial 網路輿情分析平台為範例：

該平台提供高效即時的跨頻觀測，收集網路聲量，追蹤產品與服務的社群口碑，洞察真實想法，快速分析找出最佳切入點、市場趨勢熱點，主動回應顧客需求，在數位行銷時代脫穎勝出。主要功能如下：

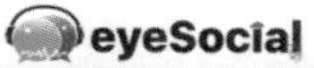

(一) 最愛主題

最愛主題為欲搜尋之主題，可與其他關鍵詞做交急或聯集，亦可排除某些不需要之資訊，也可儲存多組常用關鍵詞組，如下圖所示。

(二) 議題追蹤

議題追蹤功能即聚焦關注的網路話題或事件，即時彙整社群數據，快速了解輪廓、深入討論核心，其中輿情圖牆某段期間網路輿情指標快速瀏覽。

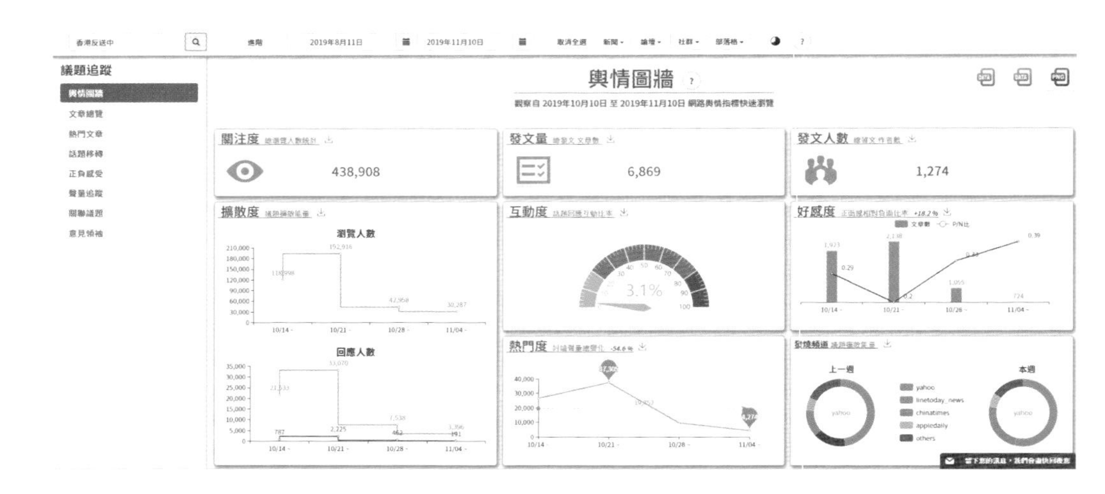

1. 文章總覽

為文章來源之總覽，可依時間、人氣、情緒進行排序（如下圖）。

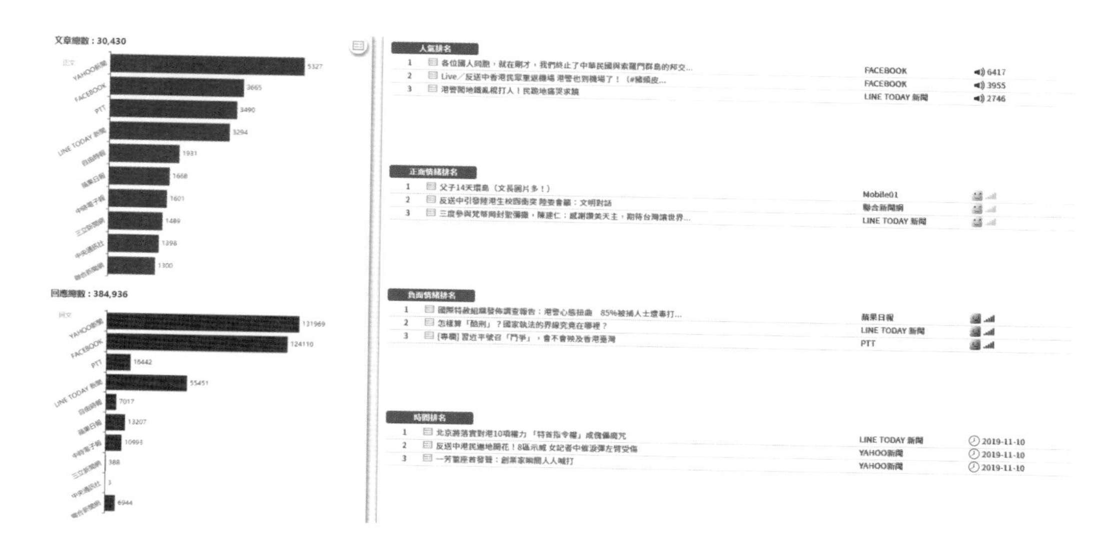

2. 熱詞頻譜

統計議題文章內使用頻次高的關鍵字並做成詞雲，可跳脫獨立查詢。

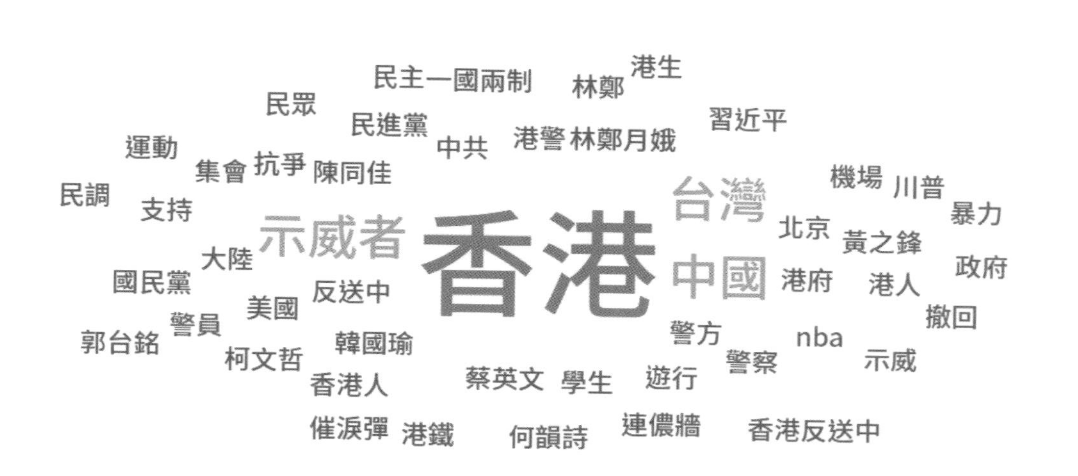

3. 情緒感受

統計前 10 大頻道的情緒文章總量。

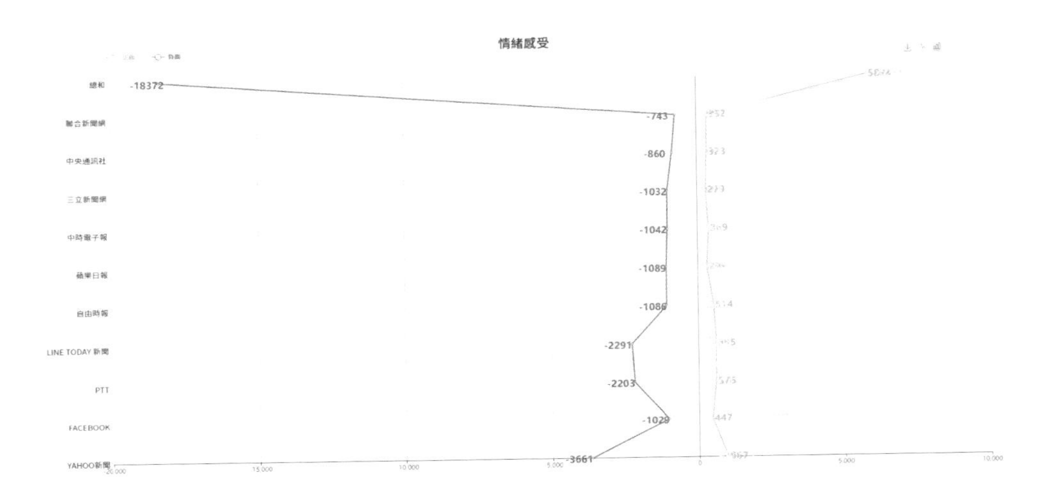

4. 意見領袖

捕捉在網路與情上的主流發聲角色，以及社群影響力分析。

上述分析除了包含了聲量分析，情感分析以及趨勢分析也包含了意見領袖

的相關分析。當議題發酵同時，使用者利用社群網站輕易地將想法擴散出去，再藉由回饋意見，快速吸收後再分享。訊息反覆流通後產生出「意見領袖」，吸引與其同一理念的人加入，稱為「婉君」（網軍）。也因此有人深信，若能得到眾多民意之一的「婉君」，便能探得趨勢潮流、引領潮流。

人們在網路上的交流隔了一層屏幕，發布的內容不是實名制。相過來說，有著很大的空間表達人心裡最真實的想法。

精選相關 YOUTUBE 影片

【輿情分析】輿情分析如何有效協助哪些產業掌握新商機？
https://www.youtube.com/watch?v=iXgPwRMacVo

大數據能為你做什麼？【行銷篇】不用下關鍵字資訊照樣滴水不漏！
https://www.youtube.com/watch?v=C-7zViXOEFc

精選相關網路文章

- 【網路輿情全攻略】蒐集、分析的方法及其應用領域
  https://www.largitdata.com/blog_detail/20190128
- 網路輿情分析
  http://www.chainsea.com.tw/Knowledge/Dictionary/Dictionary496.html
- Eyesocial 網路輿情分析平台
  https://eyesocial.insighteye.com.tw/

5-4 聊天機器人

一、什麼是聊天機器人？

聊天機器人，實際上是在使用 AI 人工智能來使用計算機程序來模擬真實的人與用戶交談。隨著網路的普及，線上購物和訂購變得越來越普遍。最初發明的目的是為了訂購餐並訂購產品的人，以便立即得到答覆。由於答案都是相同的（我們提供的餐點/服務…您可以選擇的…類型），因此使用機器人可以解決買賣過程中的許多問題。

當前，聊天機器人是虛擬助手（例如 Google Assistant）的一部分，可以連接到許多組織的應用程序，網站和即時消息平台 (Facebook Messenger)。非助理型應用程式包括用於娛樂目的的聊天室、研究和產品促銷、及社交機器人。

不同學者對聊天機器人有著不同定義：

Virginia Nusset 表示：「聊天機器人是一種通過對話向用戶發送消息的方式。」

她解釋說：「過去，只有軟件開發人員才能製作聊天機器人，但是在過去的一年左右的時間裡，可視化拖放式聊天機器人平台為所有營銷人員打開了一扇門。現在，任何人都可以使用通訊軟體輕鬆傳輸大量信息。」

Rattlehub Digital 的技術創新和安全主管 James Melvin 進一步說明：

「人們不應該將聊天機器人視為一種簡單的消息服務。」當今的聊天機器人不僅可以表現出對自然語言的理解，還可以執行認知服務功能，例如：

語音辨識 (Speech to Text)、電腦視覺 (Computer Vision)、語言識別與翻譯 (Language Recognition and Translation)、內容檢測 (Content Moderation)、說者識別 (Speaker Recognition)、文本分析 (Text Analytics)。

實際上，聊天機器人近年來並未普及。早在 1988 年，麻省理工學院 AI 實驗室就推出了 Eliza，它被認為是歷史上第一個聊天機器人。隨著時代的到來，人工智能，語義分析和進化的發展，再加上在線社區平台的加持，Chat bot 近年來掀起了一股熱潮。

二、聊天機器人之基本原理

一個聊天機器人整體架構概括如下圖所示

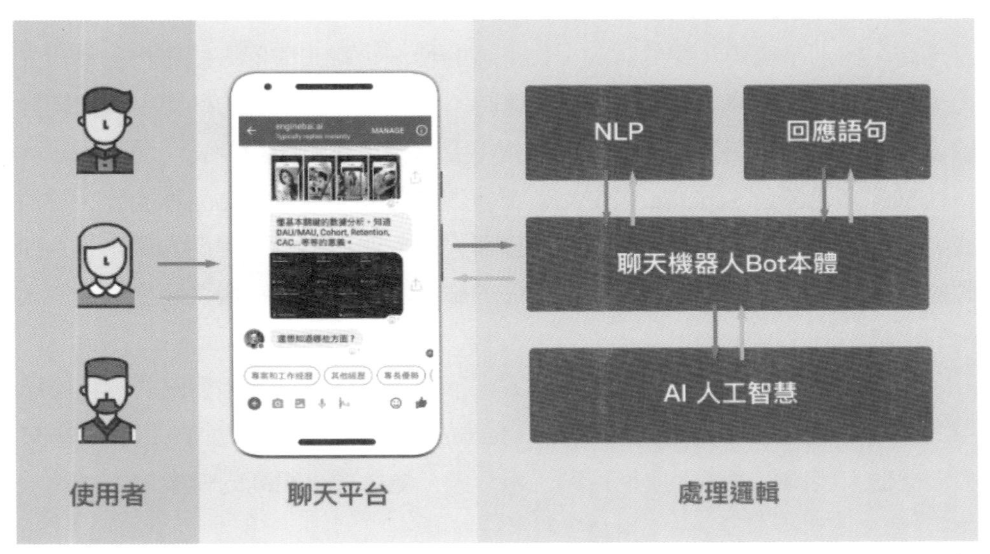

（圖片來源：https://buzzorange.com/techorange/2018/03/15/write-your-own-chatbot/）

目的為串接不同的聊天平台介面，像是：Facebook Messager, LINE, Slack, Telegram……等等，處理訊息的傳遞和接收，這一層獨立出來讓我們可以很快的把相同功能在不用更動程式主邏輯的情況下做在不同的聊天平台上，直接抽換聊天平台這一層即可。接收端會先判斷目前對話的使用者是否為新使用者，如果是新使用者，則建立一個 Bot 實體來處理他的請求，並且判斷該使用者的語系為何。接收來的訊息可能為純文字 message 或者為按鈕的事 postback，Bot 就依照接收到不同的資料來做處理。

而聊天機器人本體就是在 Bot 本體裡面實作，目的就是定義整個 Bot 的使用流程、Domain Knowledge、做為每個元件的控制中心。

二、聊天機器人之應用

(一) 幫你銷售產品與服務

如果您是小型企業的主管，當消費者大量湧入時，你在短時間內肯定是分身乏術，特別是像周年慶的時候。如上述的情況，聊天機器人能夠作為替代人力，當消費者 24 小時的貼心 7-11，隨時為他們排解購物上的疑慮。根據統計的資料結果顯示，使用聊天機器人的使用者回覆比率有 80~90%。

舉例來說像是 Sephora 和 H&M 都曾透過聊天機器人來為品牌加分。當消費者與聊天機器人有所互動時，聊天機器人會根據消費者所提供的資訊，為他們挑選客製化的服飾或他們需要的商品或服務，就個人品味與喜好提供更個人化的建議。

此外，你甚至可以透過聊天機器人來下廣告，直接給予相對應的折扣優惠券。像是 Facebook 目前就已經開放 Messenger 的廣告投放功能。這表示未來聊天機器人能夠更廣泛地協助行銷、再行銷，為你帶來更高的轉換率！

(二) 讓購物流程更流暢，付款更容易

聊天機器人的功能除了可以為你的消費者進行更客製化的服務之外，有些甚至也能夠直接跳轉至付費頁面，讓消費者可以在與聊天機器人的對話過程中，更快速地走到銷售階段。

如果你希望聊天機器人能為你帶來更高的銷售轉換率，那麼就千萬記得設計好聊天機器人的「聊天」功能，讓消費者有機會在與聊天機器人的過程中，完成整個購物流程，讓消費者「購無礙」。

(三) 了解消費者在想什麼

聊天機器人最棒的地方之一，就是可以為你搜集消費者資訊，並且分析他們的購物習慣與行為。藉由偵測消費者的購物習慣，你可以發現在你的商品或是服務中他們最喜歡的項目，並藉此找到在網站或是購物流程上能夠加以優化的地方，以提供更好的服務。

比方說你發現使用者都在向聊天機器人詢問某一款商品、服務的金物流處理問題，你就會知道現正流行什麼樣的商品，是否該優化網站的使用者搜尋功

能、或是調整 FAQ 頁面的問答內容細節等。

再者，聊天機器人也可以為你搜集資訊，關於消費者提出最多疑問的地方。這除了可以作為未來 UI/UX 設計的參考之外，也能夠對未來加以預測，了解要如何做追加銷售，才能加速讓消費者從口袋裡掏錢付款。

最後，你也可以利用這些資訊作為內容行銷的策略，從消費者的疑惑中，為他們撰寫詳細的答案指引。

精選相關 YOUTUBE 影片

聊天機器人取代男友？IT 男為女友寫的機器人嘴超甜

https://www.youtube.com/watch?v=k81VpDGo5U4

AI vs AI：兩隻聊天機器人的對話

https://www.youtube.com/watch?v=iqHAL_8Ug2Y

精選相關網路文章

- 手把手教你變出聊天機器人，瞬間工作時間減少一半
  https://buzzorange.com/techorange/2018/03/15/write-your-own-chatbot/
- 聊天機器人 Chatbot 如何應用？不可錯過的電商自動化行銷利器
  https://transbiz.com.tw/%E8%81%8A%E5%A4%A9%E6%A9%9F%E5%99%A8%E4%BA%BAchatbot/
- 專家怎麼看聊天機器人的未來？
  https://medium.com/botbonnie/%E5%B0%88%E5%AE%B6%E6%80%8E%E9%BA%BC%E7%9C%8B%E8%81%8A%E5%A4%A9%E6%A9%9F%E5%99%A8%E4%BA%BA%E7%9A%84%E6%9C%AA%E4%BE%86-94f36c52c011

CHAPTER 6

人工智慧未來發展

有說法認為當人工智慧自己本身能以突飛猛進的速度持續演化時，將會追上人類的智慧，最終演化到人類無法預估其未來變化的階段，美國的人工智慧研究者庫茲威爾預測在 2029 年，所有領域的人工智慧都將凌駕人類智慧。並且預言在 2045 年，擁有驚異能力的人工智慧會猛烈加速科學技術的進步、社會的變化，達到人類所無法預測的狀態。有些研究者認為使用現階段深度學習技術的人工智慧，不管性能變得多強大，都無法演變成能夠自行演化的人工智慧。

另一方面，大多數的人工智慧研究者都同意雖然不知道什麼時候，但是若人工智慧持續演化，終有一天所有領域的人工智慧都會超越人類的智慧。而在大數據、科技日趨進步的帶領下，人工智慧已經不像過去是大家所不熟悉的領域，深度學習、機器學習等技術也慢慢崛起，並為人工智慧帶來巨大的改變。

6-1 霍金的警告 AI 會讓人類毀滅

多年以來，很多科幻作品因此孕育而生，雖然《魔鬼終結者》片中對 AI 的刻劃十分嚇人，但 AI 其實較可能幫助人類，而非加以傷害。但是，史蒂芬・霍金 (Stephen William Hawking) 和伊隆・馬斯克 (Elon Musk) 等頂尖科學家和技術專家一再警告 AI 的潛在危險，因此大眾對 AI 仍有疑慮，也屬情有可原。

2018 年過世的英國天體物理學家史蒂芬・霍金 (Stephen Hawking) 曾對這個世界提出警告，他認為人工智慧的發展如果失控的話，可能會讓人類逐漸毀滅。而他在晚年的時候，相當關心氣候變遷、人工智慧、人口爆炸、外星人入侵等議題，也對這些議題提出警告。

他覺得人工智慧將來會發展得比人類還要優秀，甚至已經變成一種新型態的生命，他擔心人工智慧終有一天會取代人類。他認為人工智慧在初期發展的階段確實會為人類的生活帶來便利，但是機器可以加快速度來進化自己，而人類卻會侷限於生物的進化速度，將難以和機器相抗衡或甚至是競爭，逐漸會被機器所淘汰。

圖片來源：https://www.ettoday.net/news/20171105/1045890.htm

舉例來說，2017 年 5 月 AI 人工智慧 AlphaGo 與圍棋世界冠軍柯潔在中國烏鎮對弈，結果 AlphaGo 以 3:0 完勝，震驚了全世界；而在此之前，日本 JX 通訊社利用 AI 來發稿，每秒可以產出 200 則速報；另外，沙烏地阿拉伯發表一個具有公民身分的女機器人 Sophia。由此可見，人工智慧的發展日益精進，霍金的警告在未來可能會成真，人類將會被「人工智慧」所取代。

圖片來源：https://www.ettoday.net/news/20171105/1045890.htm

6-2 AI 是否會危害人類？

人工智慧如何變得更加聰明，又將會對未來造成什麼影響呢？電影情節會真實上演嗎？AI 是否會危害人類？

AI 本身並不會對人類構成危險；至少不是我們所認為的那樣。在小說描寫的末日情景中，AI 會像我們一樣思考，有時甚至擁有人類般的情感；AI 像人類一樣渴望著自由，也有統治一切的野心。但實際情況並非如此——電腦的思維與人類的思考方式完全不同，即使是特別聰明的人造腦也不會改變這個事實。

最聰明的生物會試圖爬上食物鏈頂端（就如同電影《侏儸紀公園》裡面所說——生命會找到出路）——這道理並不會太難理解，而且人類就是最佳的證明。但電腦並非演化的產物，這代表電腦與人類在本質上大不相同。人類所有的欲求都來自基因藍圖，而電腦並不會受到生物欲望所驅使，這對人類來說是——也許對機器來說也是——好事一件。這也許有點難以想像，畢竟換位思考本就不簡單。不過，電腦只會遵循內部程序行事，而這些程序都是由人類所制定。從這方面看來，我們就不用太過擔心。

但可惜的是，這並不代表我們就能清楚判定出未來的趨勢走向。假如有一天人類真的能成功打造出超級智慧，並要求它們協助將火星變成適合居住的家園，也許 AI 真的能夠找出人類要花上數世紀才能想出的解決方案，並幫助我們實現夢想。但它們也可能發現，改造火星的最佳方法就是將地球的大氣和資源送至火星。也就是說，AI 雖按照人類的指示行事，但最後反而可能會導致人類滅絕。AI 是否能夠正確地理解指令，這之間的差距可能會讓人類成功殖民火星，或者是徹底滅絕。

AI 的第二個威脅則是比較直接：有心人士可藉助 AI 的力量來破解程式。假如落入壞人的手中，強力 AI 經訓練後可能得以破解各種受到密碼保護的程式。因此，在這方面我們必須要非常謹慎。然而，儘管有潛在問題存在，AI 對於人類的生活可能還是很有幫助。

6-3 AI 對未來世界的衝擊

天下文化事業群在去年邀請全球人工智慧的專家布林優夫森 (Erik Brynjolfsson) 教授參加論壇，另外還有創新工廠創辦人李開復以及台北醫學大學醫學科技學院院長李友專一同出席參加，會中深入探討人工智慧的關鍵、所帶來的變革以及所創造的機會。

機器人的時代即將來臨，很多人擔心會被機器人搶走工作，而今年過世的物理學大師霍金也曾提出警告，他認為人工智慧會演變成一種新型態的生命，但發展如果失控的話，可能會讓人類逐漸毀滅。

而面對這種重大的變革及影響，布林優夫森認為人類其實不用害怕人工智慧的發展，或是擔心機器人會對我們造成影響，因為要如何使用這些機器人，還是要由我們人類來決定，因此我們所要面對的是要如何跟機器人取得平衡。

目前人工智慧正在全球產生三種革命，將為人類社會帶來巨大的衝擊：

1. 人腦 (Mind) 轉移至機器 (Machine)：企業在過去是依據經驗及資訊，然後由薪水最高的人來做出最後的判斷及決策；而現在的企業，可以從大數據找到很多有用的資訊，來幫助專業經理人做出更加精準的決策。
2. 產品 (Product) 轉移至平台 (Platform)：像是 Uber 及大陸的滴滴打車，雖然沒有實際的資產（汽車），但有車的駕駛人卻有很多，叫車的平台提供了巨大的價值。這是一種雙向性的網路模式，一邊是有用車需求的民眾，一邊是汽車及駕駛人，這兩邊必須要連結起來才能創造最大的效益，這就是平台所帶來的影響。
3. 核心 (Core) 轉移至群眾 (Crowd)：企業在過去所依賴的是內部的知識、專業及能力，但網路科技的發展隨著時間日益精進，企業可以透過網路來尋求全球菁英的協助，雖然他們不是企業的員工，但還是可以提供專業的建議。

人工智慧對全球產生重大的影響，大多數的人對人工智慧還是有一點懼怕，害怕人工智慧發展得太過完善，搶走人類的工作，造成失業率大增。目前有很多企業都有開發出自身的軟體，而這些軟體也確實取代了很多人力，但是機器人搶攻做的事情是無法預測的，因此必須要加強自身的競爭力，才能面對如此嚴峻的變局。

圖片來源：https://tw.news.yahoo.com/%E8%BF%8E%E6%8E%A5ai%E4%B8%96%E4%BB%A3-%E6%A9%9F%E5%99%A8-%E5%B9%B3%E5%8F%B0-%E7%BE%A4%E7%9C%BE%E5%B0%87%E8%A1%9D%E6%93%8A%E6%9C%AA%E4%BE%86%E4%B8%96%E7%95%8C-193700068.html

6-4 AI時代的新工作

AI 的發展迅速，逐漸取代很多可以由機器代勞的職業，在人力市場投入一顆震撼彈，但是 AI 也創造了很多新的就業機會。

下列簡述一些乘勢而起的工作：

一、自駕車業者 (Self-driving Cars Industry)

「自動駕駛」、「無人車」這兩個名詞越來越讓人熟知，被預估可以帶來

10 兆美元以上的商機。專家也曾做出預言，在人工智慧產物之中，自動駕駛車在 10 年內一定會實現，所倚重的感測技術只要發展順利的話，自動駕駛車就能夠跟人類的駕駛技術一樣，可以眼觀四方、辨識路況及交通號誌，萬一發生突發狀況，自動駕駛車也有應對的應變能力。

二、無人機駕駛 (Unmanned Flying Vehicles Drivers)

根據國際無人載具系統協會 (AUVSI) 的統計，全球無人機市場規模將會在 10 年內達到 1,400 億美元。資策會的產業情報研究所 (MIC) 也歸納出 2017 年的 10 大趨勢，很多業者都看好無人機在未來的發展，像是國際大廠英特爾、AT&T 都已投入在能源、農業、房地產、電信、運動競賽等領域應用，因此商用機的發展備受矚目。無人機的應用相當的廣泛，例如：(1) 可用來蒐集大數據，像是氣象、交通、災難預測等等 (2) 無人駕駛出租飛機 (3) 利用無人機來進行家庭監控，預防危險發生，但隱私和網絡安全問題就變成很嚴重的問題。

人工智慧、視覺化和能量存儲的技術在今年都持續的成長，而無人機的創新和後續發展讓人非常的期待。根據 Research and Markets 的一份報告預測，2017 年到 2022 年，無人機市場將以 9.83% 的年復合增長率增長。

三、機器人培訓師 (Robot Trainer)

機器人剛被製造出來的時候，就跟小孩剛出生一樣，需要透過學習才能融入人類的社會生活之中。機器人培訓師這個職業就因此誕生了。

機器人培訓師必須要具備語言敏感度、邏輯的組織能力、溝通表達能力、分析數據的能力，並具有設計思考概念的人。但不需要對 AI 的領域有很深入的了解，因為他們的工作是要等 AI 工程師與資料分析師將 AI 的功能及使用目的設計完成之後，把機器人的思維培養的像人類一樣。

之後可能會出現一間包含機器人軟體和應用程式開發的公司，需要機器人培訓師來負責培訓機器人一些相關的附加功能，像是：唱歌跳舞、語言、禮儀或是烹飪等等。世界上已經有一些應用的例子，例如：日本軟銀已經有開發出服務型機器人，不僅可以唱歌，還可以做出舞蹈動作。另外，培訓機器人可以創造新的就業機會，像是開發這些機器人所需要的軟體及硬體。

四、資料科學家 (Data Scientist)

現今在各行各業到處都充斥著大數據，其中負責清理數據、解讀數據的資料科學家變成一個熱門的工作。資料科學家是需要擁有比一般人優異的數理量化技能、統計學、程式語言的「技術專家」，他們主要的工作是要根據資料、數據上的限制與環境需求，可以替客戶選擇一個最適當的「計算模型」，讓客戶可以獲得商業利益並協助公司各部門做出精準的決策。

五、網路輿情分析師 (Public Opinion Analyst)

「網路輿情分析師」的工作主要是在分析「消費者喜好」與「酸民究竟在酸什麼？」等等。結合目前最流行的大數據技術，網路輿情分析師能有條理地歸納網路消費者的意見，運用語料分析解讀背後意義，進而更加了解目標客戶對自家品牌、產品或是服務的想法，也能成為公關部門的生力軍，針對網路上的負面評價做出即時的危機處理。

圖片來源：https://web.cheers.com.tw/issue/2017/ai/article/2.php

6-5 人工智慧在各領域發展案例的未來趨勢

在大數據、科技日趨進步的帶領下，人工智慧已經不像過去是大家所不熟悉的領域，深度學習、機器學習等技術也慢慢崛起，並為人工智慧帶來巨大的改變。

下面將會對未來趨勢舉一些例子來做說明：

1. 教育局在海青工商建置新興科技認知區域推廣中心，讓學生可以接觸到最新的智慧科技，像是：無人商店、智慧路燈等等。另外，學生可以學習到人臉辨識、影像辨識、消費者行為模式分析等 AI 的最新科技技術。
2. 中國 AI 公司-商湯科技在日本的常總市建置了自動駕駛中心，用來研發自動駕駛汽車及相關的道路測試，將可為交通帶來重大的變革。而日本政府將會在 2020 年時推出無人駕駛汽車，將會對解決日本人口老化和衰落的勞動力的問題。
3. 5G 的低延遲性也將在智慧汽車上發揮大大益處，在預防緊急狀況方面，5G 的低延遲性將針對現場狀況迅速反應，整合 ADAS 系統的 360 度環視功能，將大大降低駕駛人因疲勞駕駛或注意力不集中所發生的意外。
4. 全台第一座 AI 醫療影像資料庫即將開始建置，此資料庫將會蒐集臺灣大學、台北榮總、台北醫學大學等醫師經驗，目前已有 4.6 萬個案例的影像，其中有 1 萬多的影像已經完成疾病資訊的標註，而且會把成果開放給外界合作。而目前醫療影像資料，包括心臟冠狀動脈疾病、腦轉移瘤、原發性腦瘤、聽神經瘤、肺癌等疾病之電腦斷層、血管攝影、磁振造影和 X 光等 15 類，並會結合醫師的量化判讀經驗，累積醫療影像才更有意義，但這種作法相當耗時，一天可能僅能處理 20 位病人的資訊。非侵入式診斷工具目前的主流就是醫療影像，而每個疾病個案最多有數百張的影像，利用 AI 技術與診斷進行研究，研究出的判讀工具，可以協助醫生加速對影像的判讀及提高診斷的醫療與精確度，甚至減少病人就醫的時間與降低侵入式的檢查，對於醫療的支出就會減少許多。

5. 只要回答 5 題目，預測罹肝癌率達 8 成，台北榮民總醫院推出肝癌風險預測 APP，肝癌是沈默的殺手，榮總透過大數據先瞄準肝癌，從預測到預防，從源頭直接降低風險。5 個問題，每個問題都經研究模型加上大數據分析出來的結果。榮總大數據不光只用在癌症預測，更用在開發藥物上。榮總的下一項 APP 將主打預測胃癌，年紀增長感染幽門螺旋桿菌而上升，25 歲罹患率約 20%，但到了 60 歲達 55%，目前殺死幽門螺旋桿菌雖達 8 成，若無法在第一次根除，就會產生抗藥性，找到根除幽門螺旋桿菌效果最佳的藥物，可以把失敗率降低，這項研究結果也發表於世界頂尖的胃腸道雜誌，未來將從研究到臨床、從預測到預防，向預防醫學大步邁進。
6. 美國近期發布一項研究報告顯示，若以電腦演算法來發現子宮頸癌癌前的病變，其準確度遠高於受過訓練的專家或傳統篩檢。這使人工智能技術未來更快檢測出異象，有望使子宮頸癌絕跡。在《國家癌症研究所期刊》發布的報告中，這套稱為「自動化視覺評估」的人工智能技術，發現癌前細胞的準確率達到 91%，反觀人類專家檢查出的機率僅 69%，傳統抹片檢查準確率也僅 71%。
7. 袁碧添曾說過；「宇宙是人類最後的探索，我想找一個有生命的星球」，袁碧舔在 2018 年運用 Python，編制出自己的深度學習神經網路，並分析 NASA 的公開數據，成功找出與月球大小相似，公轉週期小於一天的行星。這是人類史上第一顆運用人工智慧發現的行星，也是人類對於天文學的一大突破。最開始的天文學是利用天文望遠鏡直接觀察星系，接著人類發明了火箭，成功將腳步踏出地球，親自探索宇宙，而到如今，人類只利用了深度學習，就能發現物理技術上無法發現的星球，使探索宇宙的步伐跨進新時代，相信未來一定能用 AI 發現更多過往沒發現的宇宙事物吧。
8. 4K 電視的四倍。很多電視廠商都有了實質性的動作，Sony、LG、

Samsung、TCL、長虹等品牌都推出了新款 8K 電視。期待隨著產業化、規模化的發展，8K 電視早日走進家戶。

9. 美國新創公司 Caper 想營造出不排隊、不需結帳的購物體驗，與以往的無人商店有很大的不同，以往無人商店是在店內安裝攝影機、感測器和生物辨識技術，但 Caper 反其道而行，不用這些設備反而推出智慧購物車，Caper 在購物車中內建條碼掃描器和信用卡讀卡機，加上 3 架影像攝影機及重量感測器，一旦放入商品便會自動完成掃描，Caper 智慧購物車已在紐約兩家零售商使用，未來可為小商店研發智慧購物籃，然而智慧購物車的優勢在於方便店家部屬，未來只需將商品放入購物車或購物籃，便會自動進行辨識，換言之，就和一般購物習慣沒有兩樣。
10. 根據 IDC 預測，今年全球圍繞聯網商機高達一兆美元，而其中的關鍵角色是人工智慧，兩者結合形成所謂的 AIOT，現在網際網路興起，越來越多電子設備與網路連接，生活周遭的大小商品都能輕鬆聯網，預計到 2020 年時，全球物流裝置將達到 500 億台。將由物聯網收集的龐大資料交由 AI 作分析整合，將可以運再用各種新的商業模式，如無人商店以及電子支付等等。AI 智慧不只為生活帶來便利性，也大大的節省了金錢與時間成本。
11. AIOT 即是指 AI+IOT，也就是指人工智慧結合物聯網平台，小米集團宣布將挹注大量資金於 AIOT，全力發展 AIOT。小米認為，AIOT 就是萬物智慧聯網，有了 AIOT 等於就是有了未來的硬體以及網路。因此未來幾年，AIOT 將會是小米的重點核心發展項目。此外，近期，小米已與 TCL 達成協議，TCL 將會在各方面支援小米，將使小米在家電領有更進一步的發展。

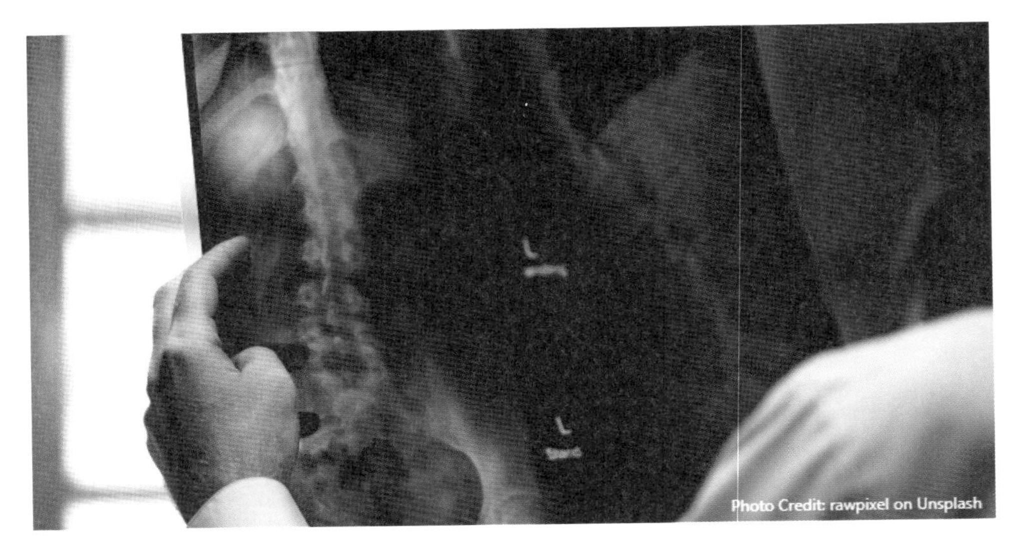

圖片來源：https://www.seinsights.asia/article/3289/3270/6005

6-6 人工智慧倫理議題

2017 年 1 月在美國加州的阿西羅瑪 (Asilomar) 市舉行「Beneficial AI」會議，有很多有名的業界領袖參加該次會議，主要是為了建立「阿西羅瑪人工智慧原則」的基礎，並確保 AI 為人類利益服務。而全球 2000 多人，包括英國著名物理學家史蒂芬・霍金、特斯拉執行長伊隆・馬斯克等 844 名人工智慧、機器人領域專家已聯合簽署該原則，主要是希望全世界的人工智慧領域在發展 AI 的同時也要嚴格遵守這些原則，並且共同保障人類未來的利益和安全。

這項原則分為三大類 23 項：第一類為「科研問題」，共 5 條，包括研究目標、經費、政策、文化及競爭等；第二類為「倫理價值」，共 13 條，包括 AI 開發中的安全、責任、價值觀等；第三類為「長期問題」，共 5 條，主旨在應對 AI 造成的災難性風險。而該項原則必須要獲得與會專家 90% 的認可，才能通過。

阿西羅瑪人工智慧 23 原則原文中有關「倫理價值」的條文如下：

1. 安全性：人工智慧系統在運行期間應該是安全可靠的，並且可以驗證其應用性及可行性。
2. 失敗透明性：假如其中一個人工智慧系統造成損害，造成損害的原因必須要能夠確定。
3. 審判透明性：任何人工智慧系統所參與的司法判決都必須要提供合理的解釋，並且能夠被有能力的人類監管機構來對這些解釋進行審核。
4. 負責：設計及建造人工智慧系統的人，在道德層面上，都是和使用人工智慧所獲得的利益有密切關聯，因此都要負其重大責任。
5. 價值觀一致：人工智慧系統在設計的時候，應該要確認它們的目標和行為在運作期間和人類的價值觀要保持一致。
6. 人類價值觀：人工智慧系統在設計的時候，應該要和人類的理想保持一致，像是：尊嚴、權力、自由和文化多樣性等等。
7. 個人隱私：人類對他們所產生的數據應該都有權利去做瀏覽、管理和控制，同時也要考慮到人工智慧系統是有能力去分析和使用這些數據。
8. 自由和隱私：人工智慧在應用個人數據的時候，不能將人類真實或主觀的自由有所剝奪。
9. 分享利益：使用人工智慧科技所形成的利益，應該要讓極大多數的人受益。
10. 共同繁榮：使用人工智慧科技所造就的經濟繁榮，應該要讓極大多數的人分享。
11. 人類控制：人類應該思考要如何將所要達成的目標委派給人工智慧系統去執行及完成。
12. 非顛覆：高級人工智慧被授予的權力應該尊重和改進健康的社會所依賴的社會和公民秩序，而不是顛覆。
13. 人工智慧裝備競賽：致命的自動化武器的裝備競賽應該被禁止。

圖片來源：https://www.inside.com.tw/article/8399-23-principals-for-beneficial-ai-tech-leaders-establish-new-guidelines

一個讓人覺得爭議的 AI 技術-Deekfake，Deepfake 是由 deep learning（深度學習）和 fake（偽造）兩個詞所混合而成的，主要是用在人工智慧的人體圖像合成技術。這項技術可以將現有的圖像和影片在你所想要的圖像或影片上疊加。Deepfake 可以用來製作假新聞及惡意的惡作劇，在 Youtube 等視頻媒體網站都可以找到這些影片。

Google Brain 的研究員 Ian Goodfellow 在 2014 年發明了基於深度學習的技術概念-Deepfake。他使用演算法來將現有的數據發展出更多的新數據，像是：使用數千張特定對象的照片來合成出不重覆而且是新的照片，可以用來製作逼真的換臉、聲帶的偽造、同步唇型等等。偽造臉部表情並可將其加入到你所想要的影片中的這項技術是從 2016 年開始的，這項技術在當時的 2D 視頻畫面中可以更進一步的製作偽造的面部表情。

在 2017 年 12 月，有網友在一個知名論壇上發布一部偽造的色情影片，將「神力女超人 (Wonder Woman)」的女主角蓋兒加朵 (Gal Gadot) 的面容，跟色情片女演員的面容做交換，幾乎就跟真的一樣，也有很多知名女星受害，像是：史嘉蕾・強 (Scarlett Johansson)、泰勒・絲薇芙特 (Taylor Swift)、艾瑪・華森 (Emma Watson)、娜塔莉・波曼 (Natalie Portman) 等等，因此，Deepfake 的技術開始被注意。

而之後，這項技術越來越多人使用，將名人的臉部套用到色情影片的女演員的臉部，像是：美國前總統歐巴馬和他的妻子蜜雪兒 (Michelle Obama)、美國現任總統的女兒伊凡卡・川普 (Ivanka Trump)、凱特王子妃 (Kate Middleton) 等等，都身受其害。

這幾年 Deepfake 的技術更加進步，「影片換臉」的 AI 技術出現了，這項技術能把目標對象各種角度的大量照片加以分析，然後由演算法將目標對象的各種表情製作出來，可以和影片中某個角色的臉部表情相符合，再將影片加以合成，就可以讓目標對象真的有演出這部影片，就此以假亂真。

另外，美國在去年有出現一段公開挑釁的影片，在影片中前總統歐巴馬辱罵現任總統川普「是個笨蛋」，這段影片就是利用這項技術所偽造出來的假新聞。

圖片來源：https://www.rti.org.tw/news/view/id/2009932

6-7 5G的未來應用

全球的 5G 商用戰已陸續開打，美國和韓國都已經商用化，而臺灣也會在 12 月正式開始，全球的電信業者都在摩拳擦掌，但是，還是有很多人對 5G 技術及相關應用場景完全摸不著頭緒，有一句話在業界很流行：「4G 改變生活，5G 改變社會」，究竟 5G 比 4G 會帶給人類生活及社會上怎樣的改變呢？

5G 有三大特性：超大行動寬頻、超低延遲、連結量大，可以用在三種不同的應用上，像是 4K/8K 影音、電競、AR/VR 等等都可以運用超大行動寬頻，而車聯網、遠距醫療等等則可以和超低延遲相連結，另外，全新的物聯網應用可以運用連結量大來進行開創。

電信營運商、晶片業者目前都想要積極發展 5G，包括自駕車、智慧醫療、智慧製造、行動影音、智慧城市、智慧教育等領域，使得 5G 並不單只是利用筆記型電腦和手機來連上網路而已，而是讓各行業能夠有所改變，並且可以進入到我們的日常生活。

底下舉幾個 5G 的應用場景及案例來做說明：

一、VR/AR：戴上全景頭盔，觀看視角可以自行切換

2019 年 4 月在臺北流行音樂中心所舉行的 5G 多視角高解析度現場直播，觀眾可以戴上 VR 360 全景頭盔，而且視角可以自行切換，享受歌手的 8K VR 低時延直播畫面，場內後方的觀眾可以和前方觀眾一樣享受場所帶來的臨場感，讓 5G 的特性-超大行動寬頻及連結量大得到驗證，並可以讓 4G 影音串連都會遇到的問題-網路很卡獲得解決，而之後 5G 和 VR/AR 的結合，可以應用到很多活動上，像是：演唱會、音樂會或運動賽事，都能讓觀眾像是親臨現場。

二、智慧醫療：5G 和醫療的跨領域整合，病患在家就能進行診療

由於 5G 的出現，智慧醫療和健康照護有了嶄新的機會，像是 5G 行動醫療實驗場域就是由工研院和三軍總醫院聯手打造的，運用 5G 通訊、AI 影像

處理、AR/VR、室內精準定位等技術，5G 和醫療的跨領域整合就此展開，遠端醫療及照護等服務都可以實現，另外，一些醫療資源不足的地區，可以利用 5G 高速傳輸 4K手術室現場影像及零時差生理數據，並且可以採取 AR/VR 遠端手術教學的方式來進行；另外，經由 5G 的線上即時指導，病患可以在家中進行復健而不用特地到醫院，還可以將病患在家中進行復建所做的動作跟教學影片中的動作進行分析，檢視兩者的差異，並可對病患提出相關建議及進行相關修正。

深圳的第三人民醫院有跟中國電信、華為進行合作，創立了第一間的 5G 智慧醫院，將分級診療、遠端醫療、網路問診等場景呈現出來，當救護車載到病患的那刻起，救護車就會把病患的相關資訊，像是：生理資訊、影像及施救過程等等，藉由 5G 傳送到醫院，急診室的醫生就可以利用遠端的方式來指揮救護車內的人員進行搶救。

三、智慧交通：5G 動態感測可以將找停車位的時間縮短，並可減少空氣汙染

中華電信和宜蘭縣政府進行合作，提供「智慧停車物聯網服務」，在全縣建置 900 多個路邊停車格的 NB-IoT 地磁感應器，可以隨時隨地感應到是不是已經有車子停在停車位，並可以把停車位的現況即時的傳送給管理平台，而在各路口都有建置動態面板及停車管理系統網頁，駕駛者都可以加以利用，停車位的資訊可以快速地瞭解，將尋找停車位的時間縮短，並可以將空氣汙染的問題降低，這是其中一項 5G 應用在物聯網的場景。

四、智慧商務：具備行動熱點、語音下單功能的 5G 咖啡機器人

最近幾年，生活中有很多科技的應用已經越來越常見，像是：智慧零售、無人商店及服務型機器人等等，而邁入 5G 時代之後，因為延遲的時間縮短，很多智慧應用也跟之前都不太一樣，像是機器人的動作和反應都比以前更加順暢，在未來的相關應用備受期待。

南韓電信業者 KT 與 Dal.Komm 共同推出了「5G 咖啡機器人」，機器人

內建兩個鏡頭，可以呈現 3D 影像來隨時掌握周遭的情形，可以一邊煮咖啡還可以一邊服務顧客，並且還具備很多功能，例如：5G 行動熱點、人臉辨識、語音辨識下單等等，而其他的設備，像是電子看板、智慧倉儲、自動物流、智慧監控等等，也可以利用 5G 的技術，來進行相關的流程改善以及將營運效率加以提升，讓消費者能體驗更好的服務品質。

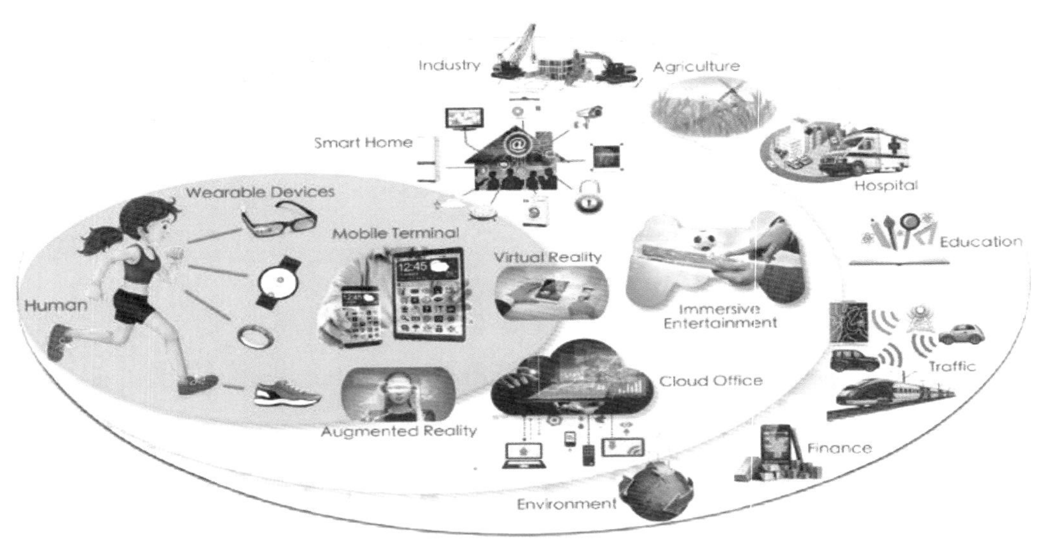

圖片來源：https://iknow.stpi.narl.org.tw/Post/Read.aspx?PostID=12303

精選相關 YOUTUBE 影片

AI・未來 10 分鐘精華版 Future of AI

https://www.youtube.com/watch?v=8PtZ0edF-HQ

【AI 流言終結者】超級人工智慧的未來，我們該擔心什麼？ - Myths and Facts About Superintelligent AI

https://www.youtube.com/watch?v=ofzS5Eqvjhg

人工智慧在臺灣：產業轉型的契機與挑戰｜陳昇瑋研究員

https://www.youtube.com/watch?v=OddYM6aq-zM

數字臺灣 HD251 臺灣 AI 發展新進程 謝金河 杜奕瑾 陳昇瑋

https://www.youtube.com/watch?v=LX_1HCz5raE

精選相關網路文章

- 日本 Yahoo 策略長揭露，AI 未來 20 年三大方向
  https://www.ithome.com.tw/news/126654
- 預知 2030 年未來世界新樣貌
  https://www.businesstoday.com.tw/article/category/80394/post/201812140020/%E9%A0%90%E7%9F%A52030%E5%B9%B4%E6%9C%AA%E4%BE%86%E4%B8%96%E7%95%8C%E6%96%B0%E6%A8%A3%E8%B2%8C
- AI 門檻快速降低，李開復：不需頂級科學家，有 AI 工程師就夠！
  https://www.bnext.com.tw/article/54120/no-more-ai-expert
- AI 衝擊太大，吳恩達呼籲必須端出羅斯福新政
  https://technews.tw/2017/11/08/new-deal-to-react-ai-impact/
- 史蒂芬・霍金：AI 恐成為人類文明史以來 最糟的事件
  https://news.cnyes.com/news/id/3957309
- 李開復：AI 將全面改寫人類歷史
  https://tw.news.yahoo.com/%E6%9D%8E%E9%96%8B%E5%BE%A9-ai%E5%B0%87%E5%85%A8%E9%9D%A2%E6%94%B9%E5%AF%AB%E4%BA%BA%E9%A1%9E%E6%AD%B7%E5%8F%B2-215009500--finance.html

國家圖書館出版品預行編目(CIP)資料

人工智慧導論 / 謝邦昌, 蘇志雄著. -- 初版. --
新竹縣竹北市 : 方集, 2020.10
面； 公分

ISBN 978-986-471-297-7 (平裝)

1.人工智慧

312.83 109013348

人工智慧導論

謝邦昌　蘇志雄　著

發 行 人：賴洋助
出 版 者：方集出版社股份有限公司
公司地址：新竹縣竹北市台元一街 8 號 5 樓之 7
聯絡地址：100 臺北市中正區重慶南路二段 51 號 5 樓
電　　話：(02) 2351-1607　　傳　　真：(02) 2351-1549
網　　址：www.eculture.com.tw
E-mail：service@eculture.com.tw
出版年月：2020 年 10 月 初版
　　　　　2020 年 10 月 初版二刷
定　　價：新臺幣 400 元

ISBN：978-986-471-297-7 (平裝)

總經銷：聯合發行股份有限公司
地 址：231 新北市新店區寶橋路 235 巷 6 弄 6 號 4F
電 話：(02)2917-8022　　　傳 真：(02)2915-6275